AQUARIUS

AQUARIUS

AQUARIUS

AQUARIUS

# 人類沒有很懂我

犬貓行為獸醫師帶你　醫病也療心

李羚榛 小羊醫師——著

致

幾多大哥

# 專業推薦

（依姓名筆劃順序排列）

**Raye**（「十二夜」導演）

**吳鈞鴻**（維康動物醫院犬貓腫瘤科醫師）

**吳毅平**（《當世界只剩下貓》作者）

**林子軒**（貓行為獸醫師）

**林明勤Ming**（法拉狗訓練工作室訓犬師）

**林瑋真**（獸醫師．會思考的狗行為獸醫團隊共同創辦人）

**洪榮偉**（獸醫師．專心動物醫院院長．亞洲獸醫內科專科醫學院心臟次專科主席．中華民國獸醫內科醫學會創會與榮譽理事長）

徐筠庭（廣告・MV導演）
張益福（梅西動物醫療中心執行長）
許朝訓 Polo拔（正向思維藝術犬隻行為諮詢師）
郭省吾（安家行動寵物醫院院長）
陳薌如（維康動物醫院犬貓神經科醫師）
「黃阿瑪的後宮生活」志銘與狸貓（人氣粉專）
劉乃潔（國立台灣大學獸醫專業學院小動物外科助理教授）
蔡依津（恩亞動物醫院院長・台灣小動物牙科正確知識先驅者）
謝伯讓（國立台灣大學心理系教授）
獸醫老韓 Shawn Han（人氣粉專）
騷夏（詩人）

【推薦序】

# 最難是療心

文／栗光（作家、報社編輯）

二〇一九年二月二日，如常帶冬至到醫院做年度健檢，由於是例行檢查，並未指定醫師。等叫號進入診間，我忽地注意到這天的獸醫師不太一樣——她尚未入內，但已預先調暗了燈光，家屬一關上門，就與喧鬧的外界有了區隔。接著，她從另一側專用門走進來，輕輕柔柔地說，「這樣的光線對貓咪比較舒服。」再輕輕柔柔地把冬至請到籠外。

就診將告一段落，這位不太一樣的獸醫師提及為貓拍照的好處，與我分享自家貓

兒的照片（沒記錯的話，那位應是前言中的謬奇）。她說，即便身為獸醫師，天天看自己的貓，有時不見得能提早發現異樣，某次多虧朋友在社群上發覺謬奇的體型變化，才使她多一分留心。這段話給了我無限拍貓、向世界炫貓的正當性。

離開診間，她談貓時閃閃發亮的眼睛，在我腦海久久不散。記下「李羚榛」三字，我們展開後來的一年一會。

每年短短的交談，李醫師總能給人啟發。比如有回不得已遲到，我很抱歉地告訴她，冬至不喜歡出門，每次就診前都是大陣仗，她在了解過程後，教了我「如何使貓（稍微）心甘情願上醫院」的減敏小祕訣，應用美味點心與肉泥，在正確時間以恰好的分量，降低彼此的焦慮。因著那些祕訣，我們不曾再遲，冬至甚至會自發性窩進外出籠裡（作為巢穴之一）。

三年多後的一日，當李醫師又遞來一個錦囊，我一面雙手收下，一面覺得自己再無法藏著這些「對付貓的手段」；原來許多難解的題，只要稍微轉個彎，用牠們的眼光看世界，事情就有了餘地。這實在有必要讓更多照顧者知道！職業病令我向她坦白自己的報社編輯工作，請教她能否寫幾篇關於動物行為學的文章？她以一貫的真誠注視我，卻並沒有馬上接話。

就在我想這事大概不成了，李醫師說好。

從單篇文章開始，到隔年推出「小羊醫師話毛孩」專欄，李醫師夾在工作、家庭與學業間，仍每每準時賜稿，並且累積大量讀者。有投稿者因她寫了迴響文，有其他作者致信編輯室：「今天和李醫師一起刊出，好幸運。」繽紛版能有這樣的專欄作家真是很幸福，她就像本書書名，是「醫病也療心」的存在。

說起療心，有兩件事我印象特別深刻。一是冬至幼時結紮後，不曾再長出肚毛，且總是對那個區塊過度理毛。我遵循網路上的建議，未獲良效，反倒漸漸陷入羞愧與自責，懊惱沒有提供更理想的環境。當我終於鼓起勇氣請教李醫師，她第一時間的回應是：「辛苦妳了，妳真的很努力。」然後告訴我，由於過度理毛不會直接影響照顧者生活，通常不是家屬首要想改善的，她對我過往的付出給予肯定。同時，她坦白地表示，儘管可以提出辦法協助，不過該行為背後有多重原因，無法保證根

除，也有可能轉變成其他形式的舉動。最終，我們決定再觀察一段時間，但在日常裡增加「Give me five」等遊戲互動。說也奇怪，這困擾多年的情況，居然於隔年自行消失了，冬至養出豐厚的肚肚毛。

今年帶冬至健檢，李醫師除了照例在看診檯上噴妥費洛蒙，還從抽屜拿出貓草，想令她放鬆些。我擔心李醫師失望，告知多年來買過各式各樣、或乾燥或新鮮的貓草，這貓全不埋單。李醫師卻很坦然，「沒關係的，她可以感受到我們的誠意。」我一時間呆住，後腦勺像被人打了一棒，下意識地反覆咀嚼「誠意」兩字。是啊，有沒有反應是其次，冬至收到這份心意才是最重要的。

對於《人類沒有很懂我——犬貓行為獸醫師帶你醫病也療心》這本書，有太多太多可講的。然而，李醫師的文章總是聚焦在毛孩身上，因此我更必須寫出，那位自己所認識的、寫出這本書的李羚榛醫師。

【推薦序】

# 在生命面前，我們都是如此渺小

文／**盧大立獸醫師**（亞洲獸醫內科專科醫學會心臟專科獸醫師．心傳動物醫院院長．台北市獸醫師公會理事．中華民國獸醫內科醫學會常務理事．國立台灣大學獸醫系學士）

身為一個獸醫師，大多經歷過從什麼都不懂的獸醫系新鮮人，經過五年的訓練，好像開始知道了一些關於生命的知識，具備了一些轉變命運的技能。

在一開始執業的前幾年，全心投入在每個病患身上，晚上回家看的書比以前準備期末考還要多，期許自己的付出與犧牲都可以換回毛孩們的健康。這樣的努力，確

實幫助了許多毛孩脫離疾病的痛苦，讓許多家庭可以回到那與毛孩一起享受的天倫時光，但也開始越來越常遇到盡了全力，但結果不如預期的時刻。更甚者，隨著經驗的增長，好像越來越早就能夠預見毛孩與家人們即將面對的未來，是一個全新的開始，還是邁入生命的終點。

即使這樣，我們仍很努力地學習、進修，甚至做研究發表。但面對生命，我們好像一直還是知道得太少。我們都不是神醫，只是有幸在毛孩和家長們生命中最艱難的時刻，成為陪伴他們一起走過的人。

現在的我慢慢了解到，在這趟艱難的旅程中，治療身體的疾病、減少病痛，絕對是首要目標，但卻不是唯一目標，毛孩／家人們與獸醫師的心靈平靜，也是讓這段旅途充滿美好回憶的關鍵。

但很可惜的是，在我們的獸醫系課程裡，沒有教導獸醫師如何獲得心靈的平靜，也沒有教導我們如何照顧好毛孩和家人們的心靈。然而這確實是近年來，國外的獸醫教育開始非常重視的一個環節。很開心台灣也有獸醫師開始去國外接受這方面的專業訓練，加入這段重視心靈的旅程。

我的大學同學李羚榛獸醫師，是一個心思細膩且溫暖的人。她在經歷過數年的第一線臨床獸醫師工作，也經歷了自己心愛毛孩的離開後，開始投入動物行為與身心科的專業領域，讓更多的獸醫師跟毛孩爸媽，更了解並重視在毛孩的醫療中，心靈安定的重要。

這本書出於她的自身經驗，每個章節都由一個真實的故事開始，去探討關於動物行為、毛孩家長的日常照護，與如何面對毛孩生命中艱難的時刻。透過她的分享，不只可以一探獸醫的日常生活，毛孩家長更可以學習到面對毛孩常見的行為問題時，許多實用的知識和建議。

而讓我印象最深刻的是最後一個篇章：〈永遠的家人〉，裡面講到每個家庭都會遇到的與毛孩離別的時刻，與離別前的那段日子會面臨的事情。透過李醫師自身的經歷，讓我們除了感受到最後這段時間，即使身為獸醫師也都會遇到的難過與掙扎外，也看到同樣身為毛孩爸媽的獸醫師，如何面對毛孩的身體逐漸老化，走到終點，用屬於自己的方式與毛孩告別。

安全感是心傳動物醫院的核心價值，我們期許可以成為毛孩跟家人們的避風港，讓他們在就診與面對疾病的過程中，可以感受到滿滿的安全感。我們也期許可以建立一個有安全感的團隊，因為我們深信有安全感的團隊，才能帶給毛孩和家長滿滿的安全感。

期待透過這本書，不僅幫助到許多毛孩家庭，更能鼓勵更多動物醫院和獸醫師，一起踏上這條重視毛孩、家人與獸醫師心靈健康的道路，讓每間動物醫院都成為充滿安全感的避風港。

【推薦序】

# 那些毛孩想表達的事

文／關心羚獸醫師（社團法人臺灣工作犬發展協會創辦人）

「我想知道我的貓在想什麼。我想自己醫治我的貓咪。」這是深埋在我腦海的語句。如果問我「為什麼要當獸醫？」，那麼這句話就是我心裡真正的答案。

當時起了這個念頭，卻還是一個小學生的我，其實不知道獸醫師是否真的能做到這件事。那時候最流行的卡通就是《哆啦A夢》，我腦裡想著，如果我的貓咪跟哆啦A夢一樣會講話，那就太好了，我就可以和牠分享許多心事，也可以知道牠想要

什麼。那什麼職業是最了解動物的人呢？我想來想去，應該就是獸醫師了吧！

這個兒時的想法，說是對的，也不是那麼正確；說這是錯的，卻也不能全盤否定。總之，應該是個美麗的誤會吧？

與小羊醫師在台大獸醫系剛認識的那天，對她的印象就是位講話輕聲細語又溫柔，但其實也很幽默、詼諧的人。十七年前的回憶仍歷歷在目，相對於她的嬌小、細膩，名字中也有一個「羚」字的我，個子可是高了她足足二十公分，我也就自然地成為了「大羊醫師」。

回想從認識的最初到現在，獸醫系大五當實習醫師時的畫面，至今仍然很清晰。我們兩個在同一組裡，雖然身高差異最懸殊，但是從煎熬的實習時期開始，我們成了最好的朋友。輪值住院部的時候，我們倆也一起照顧病患。我顧著癲癇不停，要靠不斷打鎮定藥控制症狀的小馬爾濟斯；小羊醫師顧著一隻大家都不想要照顧的大麥町，與被飼主棄養在醫院的沒鼻子黃狗。

大五實習醫師最害怕的臨床討論，需要兩人一組進行臨床報告，我們一起準備主題。我們抽到的題目是「犬擴張性心肌病」，從那時開始，我也注意到小羊醫師對心臟科的熱愛。她對於這些生理機制的了解，不像一個大五實習醫師而已，並且總是像良師一樣地教我去看黑白畫面下的心臟超音波。從這時我就覺得，她真的很擅長醫治動物的「心」。

畢業後，我們各自投入自己喜歡的領域，一邊工作，一邊學習。畢業後的第三年，我們曾短暫地一起在一間動物醫院工作，那時候她剛從日本實習回國，養著一隻貓咪，叫做李謬奇。現在看來，我相信謬奇是她人生的一把鑰匙，開啟了那扇門，帶領她成為醫治動物內心的行為學獸醫。

這幾年，常聽到許多飼主與我分享自己的毛孩在家做了什麼事，把他們氣得跳腳。有時我聽了，會笑笑地跟飼主們說：「不要生氣。」但是更多時候會覺得無奈——其實牠們做這些事，一定是有原因的，只是包括像我一樣駑鈍的人類們，總是

無法在第一時間理解牠們。

飼主就是毛孩的父母，當牠們有特別的行為時，除了要多去觀察和記錄，身為毛孩的爸媽，「理解牠們在想什麼」是我們要先學習的事情。

行為醫學在台灣的獸醫學養成系統裡，是一個尚未正式開展的領域，所以即使對於理解犬貓行為有著莫大興趣的獸醫師們，我們只能先藉由購買教科書、參加線上的獸醫行為課程，或是參與國際研討會，來多得到能夠理解犬貓病患的專業知識。而小羊醫師因為謬奇的關係，用了五年以上的時間，取得英國行為學獸醫師的教育學程，以最完整的醫學知識來醫治毛孩與飼主的心。

過去幾年，我常常不知道該將心靈出了問題的病患轉診到何處。人有許多身心科醫師可以協助，獸醫師卻很難找到專業的行為學獸醫來治療病患。如今，當我在門診治療了病患身體上的狀況，卻發現問題可能源自病患的心生病了，我可以感到安心地告訴飼主：「這個問題，有一位李羚榛醫師，她是行為學獸醫師，我相信她可以幫你們看看喔。」

我想，現在拿起這本書的你一定和我一樣，想成為第一個最了解家中毛孩的人。這些貓咪或狗狗可能是你稱為兒子、女兒的寶貝，也可能是跟著你長大的弟弟、妹妹。從迎接小幼幼到即將離開人間的過程，小羊醫師都以她最真切的診療故事，來向你述說這些毛孩想表達的事。

行為醫學是個非常多元的學科，醫學的部分包括生理、心理，含病理、解剖、免疫、內分泌，甚至有哲學、社會學的綜合學科。有科學作為後盾，配上感性的態度，藉由行為醫學，對毛孩有初步的理解，你其實可以成為那一個最了解牠們的人。

但是別忘了，診斷及治療牠們的專業事情，請放心交給行為學獸醫師吧。

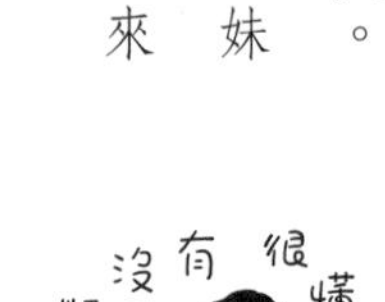

【前言】

# 每隻毛孩的個性和需求，都獨一無二

## 我也曾自問：「是不是我哪裡做錯了？」

某日看診，一隻膽小怕人的貓咪在診間顯得非常害怕，我鋪上了柔軟的毯子讓牠躲藏，邊放上輕柔的音樂，邊教導女主人該如何讓牠感到更放鬆。

「醫師，妳不要說這麼多，快點把血抽一抽啦！之前的醫師告訴我，貓看診就是會緊張，而且一年才一次健康檢查，我真的覺得沒有關係。以前有個男醫師把牠壓在桌上，牠會大叫、噴尿，但回家不也就沒事了？妳現在放音樂幹麼？牠還不是一樣？不如動作快一點！」

看著眼前的飼主雙手扠腰說話，我倒抽一口氣，沒多回應什麼，溫柔地為毛孩做完了健康檢查。

看完診，我到附近散步轉換心情，回程的時候，布滿烏雲的天空下起小雨，抬頭看著沿屋簷滴落的水珠，我想起二十五年前的一幕。

那時我就讀國中，一天午後忽然下起暴雨，我跑進一家小書店躲雨，有本書映入眼簾——深紅色的書皮、手掌般大小，上頭以復古的斜體字型排列著金邊英文字：*Cats*。我好奇地翻開一看，是關於貓的寫真書，裡頭有在咖啡廳慵懶躺著的店貓、在郵筒旁玩樂的小貓，也有在主人身邊撒嬌的胖貓。

從那天起，這本小書成為我的寶物，我買下它，每天都帶在身上，反覆溫習著這些可愛的貓咪姿態。放學後，我還繞道到附近的寵物店，趴在櫥窗外，欣賞著貓咪們玩耍的模樣，那一刻，彷彿我也正擁有牠們。

對十五歲的我來說，貓很優雅、很可愛。但直到後來開始學習動物行為，我才深

刻明白，每隻毛孩的個性和需求都是獨一無二的。

走回診間，等待看診的病患是例行複診心臟病的狗狗球球。牠長期有嚴重的攻擊行為問題，在遇到我之前，幾次在診間的慘烈經驗讓主人幾乎想放棄帶牠就診。

我與球球的第一次相遇是因為牠有手術需求，從他院轉診來做心臟檢查，而那一天，球球在沒有使用任何藥物之下，全程平靜地享受美味零食，順利做完檢查，主人和我都非常開心。一個星期後，我收到主人寄來的電子郵件，敘述球球在他院動手術時經歷的漫長煎熬，其中有句話教我印象深刻：

「醫師，就在半個小時內，我已經聽到數十次球球的『尖叫』，我從沒聽過牠那樣的叫聲。聽著淒厲的尖叫，我好難過，懷疑是不是自己做錯了什麼？」

事實上，面對家裡出現行為異狀的毛孩，我也曾向自己提出這句沉重的疑問近乎上百次：「是不是我哪裡做錯了？」

## 從毛孩的角度，理解牠對安全感的需求

謬奇是我人生的第一隻貓，高中時，我認養了當時還只有巴掌大的牠。牠一直很親人又乖巧，卻從十三歲起表現大變。那年我出國念書，焦慮的牠開始有嚴重的攻擊行為問題，不定時會展開攻擊，讓照顧牠的家人十分害怕。

我回國後，謬奇的攻擊行為不減，曾經把我咬到滿身是鮮血，穿著睡衣狼狽地逃出家向鄰居求助。牠甚至也曾在我母親睡著時，攻擊她的脖子。

我一度把牠困在後陽台好幾天，因為牠只要進門便迅速就定位，展開攻擊模式，跳到我的身上狂咬。

迫於無奈，我只能把牠困在一間空房中隔離，每日在牠的食物裡放鎮定劑，等到牠入睡了，才能進房去清理。

當時已經成為獸醫的我，曾聽聞安樂、去爪手術、拔牙等不人道的方式，但我從來沒有選擇放棄牠。因為相較於自己身體受的傷，我更心疼牠每一次發作時的恐懼狀態，我知道，牠也嚇壞了。然而那時我還沒有接觸動物行為領域，沒想過牠的攻

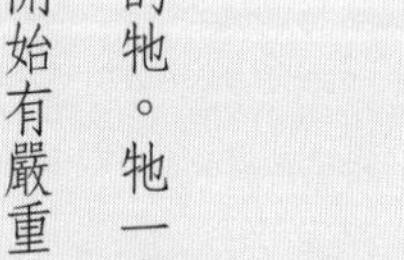

擊行為可能是源自於和我分離的焦慮，或者有其他因素，我心痛地不斷自問：「是不是我哪裡做錯了？」

謬奇這樣不穩定的狀況，就這麼度過了好多年。直到後來，牠長了腫瘤，經過八個月的艱辛治療後，我決定送牠最後一程。牠闔上眼前，我和牠做了一個約定：「媽媽會努力幫助和妳一樣靈魂被困住的毛孩，謝謝妳當我的貓。」

和謬奇一起生活的二十年，是一段愛與痛苦並行著的日子。我很懊悔從未能幫助自己的毛孩，我深知，我得幫助和我們一樣的家庭，於是開始學習「動物行為學」。這是一門非常艱深的跨科學領域，涵蓋了動物學、遺傳學、心理學、哲學、倫理學與生物學等。

儘管相當龐雜，研究的過程卻非常有趣，像解讀生命的密碼，透過分析與觀察，把隱藏在行為背後的動機，像拼圖般一塊塊地拼出來。

比如，當我們拿掉些許對物種的歧視或恐懼，會發現眼前正在憤怒的狗狗，並不是想在我們面前逞凶鬥狠。牠在表現出攻擊姿態的同時，下垂的耳朵、放大的瞳孔、僵直的身子，其實也正強烈地傳達著牠的不安與恐懼。

因此，和每一隻毛孩最好的相處模式，是從毛孩的角度，去理解牠對安全感的需求，然後就像和牠一起練習跳一支雙人舞一樣，觀察牠所跨出的每一步，再踏出適當的步伐，成為牠最好的舞伴。

世上沒有通用的舞步可以適合每一隻動物，但和每一隻動物的相處，都是獨一無二又珍貴的練習。因此，我總是希望能利用一點看診時間，讓家屬知道，怎麼為他們的毛孩建立一個，更貼近牠們個體喜好的互動方式與環境。

## 給毛孩一個「無恐懼的醫療環境」

我曾有位患有慢性腎臟病的貓病患摸米。有段時間，牠的腎指數急速上升，狀況不穩定，但主人須短暫出國，便將牠帶來住院照顧。

住院期間，摸米的體重下降不少且毫無食欲，我們為此放置了食道餵管。然而，對於醫療不適應的牠變得非常焦慮不安，緊張得頻頻張口呼吸，蜷在角落，動也不

敢動，接著試圖擺脫身上的管子，非常掙扎。

接連幾天，我開始試著在住院部陪伴摸米。為了不造成牠更大的心理壓力，我刻意減少與牠的互動和眼神接觸，並在播放輕音樂後，若無其事地坐在一角，等待牠主動靠近，再摸摸牠。我還將紙箱挖了幾個洞，做成一個臨時貓屋，讓牠可以躲起來休息。

漸漸地，摸米會從箱裡出來，依靠在我腳旁，放鬆地理毛，並嘗試為我梳理毛髮。更令人開心的是，牠開始吃掉我手上的零食，食欲越來越好。

在臨床上，許多毛孩生病時，往往也是心靈最恐懼、疲憊之時。不難想像，疼痛不適必定會造成某種程度的壓力。而醫療人員的處置、複雜的氣味、冷冰冰的住院籠、嘈雜的聲音、狹小及陌生的環境，不但讓毛孩頓時溺入恐懼、挫折的情緒海裡，更讓牠們承受壓力的能力值瞬間凍結歸零，並表現出像是拒食、躲藏、發抖及主動抓咬等攻擊行為，以拉開更多身體和心理上的距離。

所以，提供一個「無恐懼的醫療環境」，不僅僅能幫助毛孩從疾病中復原，也能提醒醫者試著蹲下來，從動物的視角，反思所有的醫療行為。

無恐懼醫療並非是一種天生的直覺，而是需要付出相當的時間與耐心，就像是一層又一層的平靜儀式，讓醫者與毛孩的心靠得越來越近。

當屬於動物的醫療倫理覺醒時，在柔和的燈光裡，牠們不安的情緒被美味的食物溫柔地撫慰著；冰冷的看診檯面上，動物不再被粗魯地對待，留下一地恐慌，而是鋪上氣味舒適的毛毯，將牠們所有的情緒好好看待；陌生住院籠的可怕孤寂被換成安全而隱蔽的被窩，恐懼、不安的心跳，就這麼一點一滴地被緩和下來。

## 多花些時間，我們能一起做得更好

在本書中，我不僅分享許多關於犬、貓的行為知識，也寫下許多親身看診經歷，希望讓讀者能夠體會，在每個困境中的家屬與毛孩，也都同時擁有自己生活的模樣。

因此，作為一名醫者，我經常提醒自己要反思、同理家屬的處境，為他們在黑暗裡生出一道光，也慎重地評估毛孩的情緒動機，讓天天與牠在一起的家屬理解：

**多花些時間，我們能一起做得更好。**

這也是我想為謬奇做的。我想告訴牠：「我希望在每個早晨向妳微笑道早安，在每個夜晚向妳微笑道晚安，擁抱妳，並告訴妳不用再害怕。」

目錄

專業推薦



## 一、我們是毛孩生命裡唯一的曙光

## 二、受困的靈魂

目錄

## 三、每隻毛孩都不一樣

# 四、永遠的家人

# 一、我們是毛孩生命裡唯一的曙光

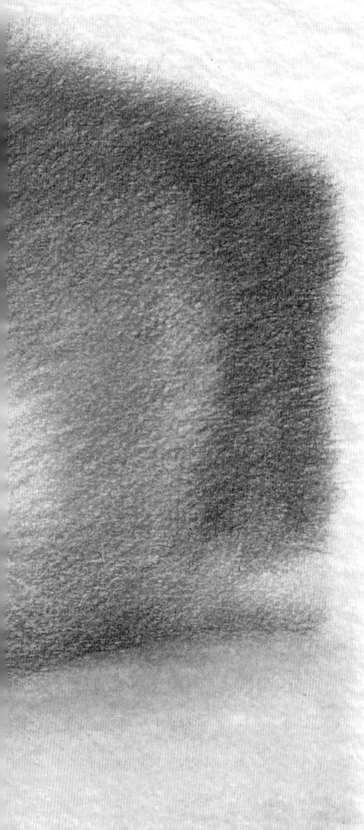

# 教養衝突——我是不是做錯了什麼？

【行為獸醫師說】除了對動物的教養方法與態度，每一位家屬的安好也同樣重要，因為只有當人類為自己的身心找到一種舒服的平衡，才能在這個家裡，裝下幸福的彼此。

## 「牠一直抓我，我到底該怎麼辦？」

暖暖的冬日裡，我一路沿著街道享受陽光，身體似葉子緩慢地舒展開來，回過神才發現久未聯絡的好友小恩傳來多則緊急訊息：「**不好意思，突然打擾妳。**」「**我真的快**

**撐不住了，全身都是傷。」「妳現在有空嗎？快幫幫我！」**我趕緊撥通電話，和她開啟視訊。

鏡頭裡的她臉色蒼白，瘦弱的手臂上有著大大小小的抓痕，整個人看起來很疲憊，像隻無助的小狗。

「那簡直像一場噩夢，我真的不知道該怎麼辦了……」她哭喪著臉說。

小恩和我都非常喜歡貓，只可惜她因為家人過敏的緣故，多年來一直不敢開口說想養貓。直到前陣子她搬出家裡，自己獨居後，有天在山區發現一隻全身濕透的小橘貓，再無顧忌的她決定認養這隻小可憐，喚作「茶包」。

然而，小恩與茶包的同居生活不如預期的美好。她看著自己滿身的抓痕，跟我說：「茶包只要看到我，就會一直抓！真的很恐怖，我在家裡走動，牠還會跑來突擊！我連換衣服都沒有辦法，牠不斷跳起來攻擊我的雙腿，我想擋都擋不住！」

驚嚇之下，小恩還找算命師到家裡看風水，將茶包的噴泉飲水器放在財位上，又在牠的睡窩下穩妥地壓了一張平安符，試圖改善家中僵硬的氣運。但是情況不見好轉，日子一天一天過去，她變得越來越焦慮，不知到底該怎麼和茶包相處。

我靜靜地聽她敘述，從她眼眶裡的淚和略帶憤怒的情緒，知道她雖然實現了多年來的養貓心願，此刻卻深陷巨大的壓力。

## 當人貓生活變成一場戰爭

每一種行為的根源，都可能與先天需求、後天學習、環境影響、疾病痛苦及藥物使用有關。因此若想要改善小恩與茶包之間的關係，必須考慮到茶包的**行為動機**，並仔細地釐清所有的細節。

深入了解之後，我注意到，儘管小恩確實為茶包提供了充足的生活資源，但是她經常在茶包抓傷她之後，立即給茶包一些零食。此外，當她要換衣服時，為了讓茶包別往自己身上撲跳，會試著把茶包關入外出籠，以至於牠只要看到籠子便充滿防衛地嘶嘶叫，每每想要逃離卻都被抓回籠裡，一次又一次，最終在籠內失禁噴尿。

這樣的衝突不時發生，想當然耳，她們的關係像是一場戰爭，從玄關到廚房、從客廳到臥室，到處都是坑坑疤疤的困頓。

若要運用像外出籠這種限制活動的方式來處理問題行為，必須謹慎考量動物的年紀、生理和心理需求、安全感及疾病狀態。

但是像茶包這樣從山裡來的毛孩，天生的遺傳氣質較為獨立，且普遍擁有高警戒、好動等特質，比起一般貓咪需要更多的活動空間。因此對於具有這種特質的茶包，**貿然關籠通常無法解決問題，反倒會由於牠日漸加深的挫折，使得與人的溝通管道直接封鎖起來。**失去身體自主權的動物可能會產生某種程度的焦慮，啟動大腦中的「情感疼痛系統」，連結出一種近似生理的疼痛感，並反向地增加動物的恐懼及攻擊等負面行為。

再者，透過給予零食的方式，小恩其實是長期在無意間鼓勵茶包的攻擊行為。換句話說，茶包從小恩的反應裡，學習到「撲抓人類，便可以得到美味點心」的連結，所以對牠而言，生活裡的每一次小突擊都像是一場遊戲，充滿樂趣。

除此之外，長時間獨自待在家中的茶包非常渴望得到小恩的關注，經常會對著使用筆電的她喵喵叫，並用頭磨蹭她，要求撫摸。若小恩沒有馬上搭理，茶包便會衝破防線，裝作沒事似的去壓在鍵盤上，並咬向小恩的手臂，做第二階段的行動抗議。因此，每當茶包向前接近小恩，她不免感到一絲恐懼，有時會責罵茶包，有時又希望能完全滿足貓主子的需求。

從她倆的互動看來，無論是零食、讚美或撫摸，都可能不經意地強化了問題行為。因為對於尋求關注的茶包而言，就連小恩的懲罰、斥責或眼神也變成一種矛盾的獎勵。就像某些調皮搗蛋的小男生會捉弄心儀的對象，而這種「有總比沒有好」的心情，隨著時間一久，也逐漸變成一種新的學習。

## 兼顧冷靜與愛護的「冷處理」

針對以上的狀況，我建議小恩先調整居家的生活動線，彈性地更動家具的擺設，延伸出更多茶包的立體活動空間，讓牠能獲得更友善的貓空間，不必與人類爭道，減少突擊人類的動機。

我並建議小恩以「引導」代替懲罰，幫助茶包學習和人類正確地互動。例如當茶包準備逗弄她的手腳，企圖邀約玩樂時，盡量不要有誇大的反應，也不應立即給予零

食，而是利用貓玩具來回應茶包的需求，教導牠以一種安全的方式玩樂。並且建立每日可預期的遊戲時間，緩衝茶包對互動的生理及心理需求，並在家裡放置一些互動玩具，提供茶包不同的感官體驗，再觀察牠的喜好，逐一調整。

至於尋求關注的問題，我建議小恩首要確保茶包的基本生理需求得到滿足，然後再採取一致性的態度，進行「冷處理」。

這種**冷處理並不是「完全不理會」毛孩，而是希望主人保持冷靜，不說太多話，找到一個適度忽略毛孩的問題行為，但同時保持對牠愛護的方式，以提供一個充滿情感支持、安全感、穩定和愛的護持環境。**

通常，我建議併用「暫時中止」（Time-out）和「積極介入」（Time-in）這兩種方式，並根據毛孩的行為和生長階段，與主人詳細討論後，找出最好的平衡方案。

舉例來說，對於正處於青春期的毛孩，我們應理解牠們的大腦前額葉皮質尚未發育成熟，無法良好地控制情緒，若完全不理會通常不會產生良好的效果，反而可能引起牠們的恐懼和焦慮，變成一種懲罰。

因此，我們應**先思考「毛孩為什麼會做出這樣的行為」、「我們想要教牠什麼」以及**

「**該如何進行教導**」，並在保持情緒平和、訂立明確規則、明確時限及靈活運用的前提之下，藉由冷處理來教導動物。

我經常告訴家屬，教育是雙向的，同時也是整個家庭一起學習的契機。當毛孩極度尋求關注時，我建議家屬和牠們一起坐下來，用堅定而溫和的方式，陪伴在牠們身邊。

雖然可預期地，這樣的冷處理的舉動，可能會引起某些動物以更誇張、激烈的行為來表達，以引起主人的回應。但是可藉由撫摸或陪伴練習，讓牠們知道主人會在身旁，牠們並不是孤單的。隨著時間的推移，經由多次的累積學習，牠們會逐漸地學習與主人互動的時間界線，並建立起居家生活的節奏與規律。

## 你焦慮，毛孩也焦慮

與人類相比，無法以語言溝通的動物更擅長感受微妙的環境感官訊息，並透過觀察人類的呼吸頻率、身體姿勢、互動的自信、音調高低及汗腺分泌，來感受我們的情緒。從某個角度來看，由於小恩的焦慮情緒漣漪已漸漸地擴散至整個家，可能也反向

地影響著茶包的情緒。

因此，我也請小恩為自己設下「情緒柵欄」，透過辨識自己的情緒，設定出界線，並在這個範圍裡，好好地傾聽自己的需求。這種設立情緒柵欄的方式對照顧者來說尤其重要，因為**在照顧毛孩的同時，我們也需要好好地照顧自己**。這個方法可以幫助我們找出那些無法承受的壓力，及時向外求援，並在適當的支持下，保持內在彈性的能量，讓自己能面對生活中的挑戰。

雖然對動物的教養方法與態度至關重要，但我也關心每一位家屬是否安好。只有當人類為自己的身心找到一種舒服的平衡，才能在這個家裡，裝下幸福的彼此。

一個月之後，小恩開心地說茶包的問題行為減少不少，她終於有了家的感覺。我想，或許對茶包而言亦是。

真正的家，是人與毛孩都找到寧靜的安心港灣。

# 教養期待——怎樣的毛孩才算「乖巧」？

【行為獸醫師說】我們是毛孩生命裡唯一的曙光，當發現眼前的路昏昧無光時，有時候卡住的往往是我們自己，而非眼前的柔弱毛孩。

## 你夢想中的「伴侶動物」是什麼樣子？

在動物行為的領域裡，**所謂的「伴侶動物」，指的是與人類生活密切，且在身心、情感、社會需求都能被人類所滿足，與人類建立親密關係的動物。**

其實，人類與伴侶動物的良性互動，不但可以減少壓力和孤立感，還可以提高催產

素的釋放，讓彼此皆有放鬆、降低心跳與血壓的生理益處。

而大多數門診的家屬，談到自己夢想中的伴侶動物，不但希望是聽話又乖巧、喜好社交且來者不拒，還要能忍受主人無法陪伴時的寂寞，並在回家時馬上出來迎門，展現夢幻般的完美形象。

然而這些超出現實的期待，似乎是把所有不同個性的動物塑造成一款夢幻逸品，並且將許多「不乖巧」的帽子強扣在動物身上，造成雙向的失落。

有時候我會想：如果我是一隻狗狗，**我的主人會喜歡我所有的特質嗎？**在思考這個答案的同時，我不禁想起芊芊的故事。

十年過去了，有時我會想起牠，掛念著牠是否找到了新的家人。忘不了在大夜班的凌晨三點，牠溫柔地看著我，始終相信人類——那一刻，我彷彿看到牠有雙隱形的翅膀，強而有力地帶著牠度過未來所有的難關。

## 因為「不聽話」，竟然被綑綁懲罰

芊芊是一隻紅貴賓，當年大約三歲，被主人帶來醫院急診。女主人說她把芊芊帶到親戚家玩，結果小孩們惡作劇，將髮圈套在牠的兩隻前腳上，等到發現時，牠的雙腳早已腫脹、發紫，非常疼痛。

經由外科醫師檢查後，發現牠的雙腳嚴重潰爛，且毫無任何痛覺反應，立即建議主人考慮截肢手術，藉此控制全身感染的狀況。

我初次見到芊芊是在住院部，走向牠時，遠遠地就聞到一股濃濃的腐臭味，讓我忍不住捏起鼻子，鼓起雙頰憋著一口氣。靠近一看，發現胖嘟嘟的牠單靠著後腳站立，倚靠在籠門前，正舞動腐爛的前肢向我熱情地打招呼。

「天啊！牠怎麼靠著後腳就站得這麼好？」正當我納悶時，芊芊瞬間躺了下來，向我發出撒嬌的小狗奶音，下一秒又完全不費力地如體操選手般優雅地轉換站姿。

住院那幾日，芊芊的狀況逐漸穩定下來，卻始終未見女主人前來探望。等到她再度出現時，便匆忙地將芊芊轉往他院。

然而在幾個月後，同事激動地跑向我，指著手機裡的一則虐狗新聞。芊芊的女主人在網路張貼認養文，機警的網友察覺有異而緊急通報動物保護處，揭發了這件虐狗案。報導中，女主人坦承自己因為不滿芊芊在她出門時，破壞家具、大聲吠叫，因此用髮圈綁著牠的雙腿，讓牠動彈不得；下班回家後一看愛犬的情況，她驚覺大事不妙，立即帶去就醫，只可惜為時已晚。

但是，真的是一次性的懲罰，讓芊芊能熟練得像人類般站立嗎？或者牠是經常性地被綁住，才熟練了這樣的站姿生活呢？一想到這裡，我不禁難過起來。

## 擴大狗狗的「心靈」舒適圈

像芊芊這樣的悲劇，若要停止重蹈覆轍，就要從狗狗的品種和教養來談談。

從育種的歷史來看，不同品種的狗狗有著被人類選擇所保留下來的強烈特質，而這些個性往往變成室內犬的一種原罪，也是大部分家屬最難以忍受的部分。

就小型玩賞犬來說，牠們一開始是作為貴族及宗教人士的伴侶動物，並被當作黃金、珠寶般的珍貴商品在港口交易，所以在許多歐洲的油畫裡，可以看到貴族手抱著一隻玩賞犬作為身分的象徵。這些被捧在手心上的狗狗隨時相伴在主人身旁，因而容易對照顧者產生高強度的情感依賴，並且會因為一點風吹草動而驚慌地不斷吠叫。其實正是這種幼年化的特質，滿足了人類的寂寞，卻也無法避免地帶來牠們與人類之間的情感羈絆。

因此，**養育一隻玩賞犬，主人除了要培養牠的自尊心和對孤獨的舒適度，也需要幫助牠學習自己獨處時的自在，進而一步步地擴大狗狗的心靈舒適圈。**

在日常的生活裡，我們可以試著嘉獎狗狗平靜的行為，適度地冷處理牠尋求關注的吠叫及舔咬（**冷處理的方式，參見第三十八頁：〈教養衝突——我是不是做錯了什麼？〉**），並理解許多過去已被強化的慣性行為，不但需要時間改善，還需忍過狗狗行為消退前的反撲期，才能讓狗狗從主人的一致態度裡，找到生活脈絡中的新界線。

一般來說，若小狗需要被教導，狗媽媽會輕輕地咬起小狗的後頸，藉此提醒小狗要守規矩。但是人類要教導一隻狗狗並非輕而易舉的事，因為不同物種的肢體語言有著許多不同的差異表現，而語言的隔閡，更增加了許多難度。

此外，人類與伴侶動物之間存在著相互矛盾的依存關係。一方面，人類不但掌握了所有的權力與資源；另一方面，還將所謂生活的規則主觀地加在動物身上，並容易以擬人化的想法及懲罰的方式，樹立一種權威的領導高度。

這樣的生活，動物有得選擇嗎？其實沒有。

雖然藉由權威式的懲罰教育，或許能快速地管理某些行為問題，但是**懲罰不但容易讓人上癮，也容易帶有個人的情緒，長期下來，懲罰的強度會不斷地升級，並會帶給動物慢性的負面壓力，破壞人類與動物之間的情感。**

因此，有時候最好的路往往不是眼前的捷徑，若起身走過許多風景，可能會發現美好的事物需要時間醞釀，我想對毛孩的教養也是一樣的。若我們一味地追求快速、方便，而忽略了「情緒」所帶來的負面影響，那毛孩學到的通常只有恐懼而已。

相反地，若能在心靈上給彼此一些餘裕，耐心、正向地訓練及引導毛孩，並且一起溫柔地陪伴牠們走過所有的不安，或許對整個家庭來說，與毛孩的生活不再只是一種人與動物之間的規則，而是一起幸福地慢慢變老。

## 先鬆開我們自己心裡的「結」

與人類父母相似的是，人的心情總有起伏，每日所面對的各種壓力也常常影響著我們對孩子的教養情緒。因此，要求自己在毛孩的教養過程中毫無情緒，的確是一件不可能的事情。

我常常建議家屬在面對這樣龐大的情緒時，要適度地讓自己的情緒獲得宣洩。也要記得，我們是毛孩生命裡唯一的曙光，當發現眼前的路昏昧無光時，有時候卡住的往往是我們自己，而非眼前的柔弱毛孩。

此時，好好地擁抱內心的疲憊，不要馬上進入戰鬥模式，因為負面的舞蹈會讓身心越來越不舒服。**試著轉身離開現場，深深地吸一口氣、找位朋友談談，或是尋求專業的協助**，讓這些陪伴，幫助自己走過孤單的煩躁情緒，萌生新的力量來面對困難的教養過程。

雖然我們與萬物的緣分必定有深有淺，但唯獨自己的情緒好好地穩住了，才有能力看到此生得來不易的每一次珍貴相遇。

# 安全感需求——貓尿風暴，案情不單純？

【行為獸醫師說】許多異常行為，也可能是日積月累的壓力線漸漸地變成沉重鋼索，壓垮了負荷能力。唯有當我們試著從毛孩的角度來審視，才能真正理解牠們到底經歷了什麼。

## 「牠亂尿尿，我罵牠是壞貓……」

約診時間過了許久，我下意識地看了幾次手錶，心想：「這個初診應該是不來了。」

沒想到一抬頭就有個年輕女子匆忙地跑進醫院，啪的一聲將外出籠放在櫃檯上，喘著氣說：「我，我有預約。」

那是我第一次見到小安，她掛著一副大墨鏡，綁著俐落的高馬尾、細肩休閒服，好像美劇的主角，只是神情少了悠閒。坐在診間裡，她不停地摳著指甲。

「我真的超崩潰的，因為福吉亂尿尿，我就換了各式各樣的貓砂，結果都一樣，我真的……」

**「妳還好嗎？」**我問。

她一聽，眼眶漸漸泛紅，悲傷在她身上迅速釋放開來：「我昨天打牠的頭，然後把牠關在廁所裡，罵牠是壞貓。」她停了一陣，開始哭泣。

我將沒完成的對話先擱在一旁，遞上滿滿的衛生紙，隨即拿了杯水，溫熱地交在她手裡。我看過許多家屬哭泣，但小安身上有一層黯淡的沮喪，此時，沒什麼比好好地讓她哭上一場更重要的事了。

小安有兩隻公貓，一隻是毛豆，另一隻是福吉。兩隻貓咪原本互不相識，直到母親過世之後，母親的貓福吉才進入小安的生活。

「我原本住在國外，趕回來見我媽最後一面，她希望我好好照顧福吉。」

說起兩年前的事，一切歷歷在目。那股顫抖的聲音讓我感受到，從母親被宣告罹癌的那日開始，她就像挺直身子的芭蕾舞者，時時提醒自己要將每件事做好，一步不差。然而，要搬回台灣也不是一時半刻就能完成的事。一開始，小安請貓保母每日到府照顧福吉，直到她帶著毛豆回到老家，已經是半年後的事。

「我本來以為牠們會打架，讓我很焦慮，因為毛豆很怕人，也不喜歡其他動物。」但是小安抽到一張上上籤，台灣福吉和美國毛豆意外地合拍，無論日夜總喜歡待在一起，活像兩個小情人。講到這裡，她瞇起眼睛笑不停，但隨即又皺起眉頭，因為真沒想到從一年前的冬天起，自己成為貓尿風暴的苦主。

## 貓尿風暴，令人抓狂

「本來我以為福吉有哪裡不舒服，想說帶去給獸醫看，但是健康檢查都沒事啊。」那陣子，書房角落開始出現少量的貓尿，接著是小安的鞋子、窗簾、書房腳踏墊，甚至延伸到書櫃的夾層，全都淪陷。小安試過很多方法，除了從砂盆樣式、貓砂種類更改之外，她還增加好幾處貓廁所，並努力地清潔所有尿漬。

「那種味道真的超濃的，人尿也沒這麼臭啊！怎麼清也無法散掉。結果牠昨天開始尿在書上，我的理智線就斷了。」

我望向籠內，福吉將頭埋在毛巾裡，露出一個虎斑大屁股，像極了玩起躲貓貓的小孩，敵不動，我不動。

## 排泄物，也可能是「壓力」的產物

在野外的貓科動物經常會利用不同的感官方式來傳遞個體的訊息，像是在不同表面上，抓出長長的爪痕，留下費洛蒙，又或者是將尿液噴灑在具有社交意義的地方，架構出隱形的安全領域及增加交配機會。

另一方面，排泄物也可能是一種身心產生負面情感壓力時的產物，並與貓砂盆管理、飼養環境、照顧方式、家中或戶外的社交互動息息相關。但是，住在家裡的貓咪出現隨處便溺時，不管原因為何，通常第一時間就會讓全家的生活備受影響，畢竟當

貓尿味變成生活的主角，沒有人開心得起來。

要解決這類問題，必須逐一梳理貓咪所有**潛在的壓力源**。一開始，盡可能排除相關疾病，像是腎臟病、自發性膀胱炎、便祕、甲狀腺亢進、認知障礙等，再蒐集事發位置、尿量、尿姿、發生頻率、砂盆、貓砂材質、清潔方式等資訊，並了解貓咪過去的病史、互動狀態、行為史，像這樣從飼養環境的細節著手，全盤地了解貓咪的生活，才可能鬆動行為問題的毛線球，將死結一一打開。

然而，許多異常行為，也可能是日積月累的壓力線漸漸地變成了壓垮負荷能力的沉重鋼索。因此，唯有當我們試著蹲下來，從毛孩的角度來審視，才能真正理解毛孩到底經歷了什麼。

## 不是亂尿尿，而是「劃出領地」

幾日後，我依約到小安家。那是一棟兩層樓的舊式建築，前、後院整齊地擺放著雜物，圍牆上一顆顆晶瑩的彈珠代替了玻璃碎片，滿滿的日式昭和懷舊感。小安帶著我往樓上走，一步步介紹尿漬處。

我不時蹲下來查看貓咪們的生活軌跡，一路跟著濃烈的尿味來到書房。

小安指著牆上的一張照片，照片裡的女子懷中擁抱的貓好像福吉。她說：「這就是我媽，她生前待在這裡工作，福吉主要也都在這裡活動，除了吃飯會下去之外，睡覺都在書桌上，毛豆也會上來和牠窩在一起。」

我順著窗口的尿漬，放眼一看，窗外的綠色欄杆上有一把貓飼料。直到這時，小安才提起附近有隻胖橘貓，從去年開始，每日按時來這處「貓餐廳」光顧。但是福吉並不喜歡這位貓客人，經常對著牠咧嘴嘶吼，也嚇壞了毛豆。

「我會罵福吉啊，人家只是來討口飯，又沒有進來，不能這麼小氣。」

至此，真相大白了。憑著食物在哪，貓就在哪的概念，胖橘貓順理成章地將領域延伸到這一家，使得**福吉試圖透過尿液噴灑，在窗戶邊界及書房角落表達一種無聲的抗議，同時警告橘貓「非請勿入」**。

大部分的貓都有領域性，且領域範圍通常取決於資源的分散程度。由於貓科動物天生的獵食本能和領域意識，讓牠們隨時隨地評估著環境中的潛在危險，並靠著嗅覺氣

味來建立對環境的安全感。換句話說，**安全感是貓咪生活中不可或缺的一部分。**

不難想像，當陌生動物靠近家園，帶來侵入性氣味，會觸動貓咪的安全警報系統，讓牠們焦慮又沮喪地試圖重建氣味王國。

長時間下來，若不安感持續存在，貓咪可能會表現出其他慢性的壓力行為，像是過度躲藏、社交迴避、過度警戒、食欲改變、防禦性睡眠（正趴、收起雙手的淺眠姿勢）、無法入睡等狀態，間接危害到牠們的生理健康。

因此，我建議小安將胖橘貓的領地移開，好讓福吉不再感到威脅。

## 在這個家裡，好好安放愛

一個月後，小安開心地告訴我，福吉的狀況明顯有了改善，家又回到原有的模樣，讓她輕鬆不少。接著她提起：「對了，妳記得牆上那張福吉和我媽的合照嗎？我覺得牠常踮腳偷看，所以乾脆擺在書桌上，現在牠最愛的就是放照片的那個角落。」

原來，在曾經失落的家裡，思念還好好地被安放著，每日當福吉醒來，牠總能再度看到愛。

# 情緒躁動——精油和費洛蒙有用嗎？

【行為獸醫師說】無論是精油或人工合成的費洛蒙，都可能含有酒精添加物。基於安全考量，通常都不建議直接噴灑在毛孩身上。

## 「養個貓，讓我嚴重睡眠不足……」

「哎喲，李醫師，妳又瘦了？跟骨頭一樣乾巴巴的。」下午剛看診，走進診間的是好久不見的阿康姐，她響亮的渾厚聲音總能吹走我的午後懶散。

阿康姐帶著愛貓粉粿來看診，年過六十的她獨居，與這隻叫做「粉粿」的短毛白貓

相伴左右。其實粉粿原本是女兒養的，但女兒前年負氣離家，同樣倔強的母女兩人說不聯絡，就不聯絡，阿康姐從此負起粉粿的照顧責任。「女兒把貓丟給我就跑了，我一個老人家能做什麼？」她無奈地說。

去年她將老宅賣掉，搬到山間小居裡，打算活得精簡。但是到了新家，粉粿每日在天亮前就開始在餐桌旁拚命抓啊叫的，害她嚴重地睡眠不足，還到身心門診領了一堆安眠藥，身體狀況瀕臨極限。在貓友的建議之下，她日日花足兩個小時陪粉粿玩遊戲，希望消耗牠更多電力。但是，粉粿的吵鬧問題依舊時好時壞，阿康姐甚至動了要送走牠的念頭。

聽完她的困擾後，雖然粉粿的體重、精神、食欲、大小便都毫無變化，但我還是建議先做血液檢查，以排除潛在的健康問題。確定血檢數值都在正常範圍之後，我便提議去看看阿康姐的新家環境，或許可以覓得一些粉粿的行為端倪，釐清牠激動吵鬧的緣由。

## 大窗戶、鳥群，形成潛在壓力

隔幾日，我來到僻靜的山間小社區，這裡除了鳥鳴外，整個區域彷彿只剩下我的腳步聲。

開門一見著我，阿康姐便開始熱情地介紹環境，指著一整個牆面的玻璃窗，說：「我最喜歡這片窗，看出去很寬廣，早上都是鳥。以前在舊家都沒有這樣的美景。」說完便一把將腳旁的粉粿撈起，親暱地磨蹭。

我上前仔細檢查著窗框旁的安全措施時，突然意識到，不怕生人的粉粿剛剛是刻意躲在地板的角落，而非待在窗戶旁的高台。我想，開闊的視野及鳥群極有可能已對牠帶來一些**潛在壓力，引發了牠的負面情緒。**

貓咪可以感受到的情緒與人類相似，但是牠們的「焦慮情緒」時常與「恐懼感」交織在一起，讓人難以辨別。

面對新環境或不可預知的威脅，貓咪會優先保護自己的安全，試圖尋找安全的藏身之處，降低讓自己受傷的風險。當牠們無法找到合適的地方躲藏或是無法驅趕威

脅時，除了想盡辦法擊退威脅之外，還可能感到十分挫折。這時的貓咪可能不會太安靜，通常會發出長音嚎叫、來回踱步，甚至會破壞物品，或是以後腳站立來出掌。

這樣的挫折情緒，也經常在動物醫院出現，有些貓咪會在外出籠內不停地喵叫、從籠門伸出貓掌。這些舉動經常被誤解為很熱情、想要與醫護人員玩耍，但其實此時的貓咪多半是想要自由，而不是積極的社交互動。

## 情緒躁動的刺激因素，真相大白

我在屋內兜轉了幾圈，仔細訪查，發現除了安全感稍嫌不足之外，新家的主要資源安排對粉粿來說沒有太大的問題。只不過，桌上的好些瓶瓶罐罐令我有些在意。

阿康姐注意到我的目光，笑著說明：「那是朋友送的，好像是精油和費洛蒙。搬來這裡以後，我每天早晚都幫粉粿噴，牠還跑給我追，很好笑。」

我緩緩靠近粉粿，果然聞到一股濃郁的木質香氣從牠的頭頂擴散開來，心想，或許這正是讓牠情緒躁動的刺激因素之一。

無論是精油或人工合成的費洛蒙，為了有效地溶解化學物質、促進揮發、增加穩定性及保存，都可能含有酒精添加物。所以基於安全考量，通常都不建議直接噴灑在毛孩身上。

使用這一類的產品，我**建議盡量選擇通風良好的環境，並按照不同產品的說明建議，適量地噴灑於環境中。**

## 使用精油要有專業指導，並審慎評估

此外，某些成分的精油還可能引起皮膚的刺激和光敏性的潛在風險，造成曝晒陽光後的皮膚紅腫、搔癢及灼熱感，若一知半解地使用，極有可能對毛孩的健康造成危害。例如含有酮類成分的精油（如頭狀薰衣草）具有高度的神經毒性，可能會對毛孩的腦部造成不可逆的傷害，不適合用於幼年或懷孕動物的身上。而某些精油成分的代謝是透過肝臟，但由於貓科動物天生缺乏一些肝酵素，這可能會帶來負擔。

我曾遇過一位家屬在家中大量使用柑橘類精油，結果愛貓開始出現嘔吐、流口水，甚至肝指數上升的情況。這是因為精油中的柑橘醛與貓咪的皮膚接觸，貓咪隨後又在

舔毛過程中誤食，導致中毒的現象。

因此**在使用精油前，需經過專業醫療人員指導，並審慎地評估毛孩的健康、整體吸收性、耐受性和安全性，才能避免發生憾事。**

## 人工合成的費洛蒙，要針對毛孩的個別情況使用

那麼，費洛蒙又是什麼？它和精油是一樣的東西嗎？

其實兩者大不相同。大多數的精油，是從植物的不同部位所萃取的揮發性化合物，進一步提煉成的高濃度液體，具有多種化學成分，像是常見的酚類（如薄荷精油）及醇類（如檜木精油）。而一般市面上可見的費洛蒙商品，通常是化學的合成物質，具有特定的結構及功能，以模擬動物所分泌的特定費洛蒙分子。

因此，精油主要是用於芳香療法及自然醫學等用途。費洛蒙則像是個體的「訊息香水」，可以留下像是性別、生殖狀態、熟悉程度等相關資訊，讓特定的接收者得到重要訊

息。對於生存在野外的動物來說，費洛蒙可說是一種作為辨識危險及繁殖的有用工具。

在自然界，像是大象、環尾狐猴、錢鼠、公豬，都會利用尿液、唾液或腺體裡的費洛蒙來吸引異性注意。我們熟悉的家貓則會利用許多部位的腺體留下費洛蒙訊息，例如耳朵和眼睛間、下巴附近、嘴唇邊緣、雙臉頰、尾巴基底部、腳掌上及肛門旁的部位，都有著這樣的功能。

因此在居家生活裡，不難看到貓咪利用摩擦牆角、抓沙發、在地上翻滾、互相摩擦等方式，在環境裡留下個體訊息。這不但是嗅覺交流的行為，也是牠們建立居家安全感的方式。

有趣的是，當貓咪試圖辨識環境中的費洛蒙時，會擺出伏蹲、上唇微張、兩眼發愣的呆萌樣，常被人類誤解為對臭味的厭惡表情。實際上，這是一種叫做「裂唇嗅」的反應，在許多哺乳類動物、有蹄類動物、爬蟲類動物及部分鳥類身上都可見到——當動物感受到費洛蒙時，會將上唇微提起，以便讓化學氣味分子充分溶解於唾液中，並通過位於鼻腔內的嗅覺器官「犁鼻器」（Vomeronasal organ, VNO）中的絨毛膜系統，將訊息經由神經傳遞到前腦，啟動行為反應。

換句話說，動物利用嗅覺系統及絨毛膜系統一次次進行著費洛蒙體驗，如同一種嗅覺的魔法拼圖遊戲，將環境中看不見、也聽不著的有用線索一一連結起來，幫助牠們更具體地理解環境中同類動物所留下的訊息。

## 面部、安撫性及趾間的費洛蒙

「既然有這麼多種費洛蒙，到底要怎麼區分？都會有用嗎？」阿康姐戴起老花眼鏡，轉動瓶身仔細地查看。這個疑問還真道出了眾多貓奴的心聲。

在臨床上，許多家屬購買費洛蒙的相關產品，想要藉此解決毛孩的行為問題，但又不見改善，只感到摸不著頭緒。其實從現有的貓咪費洛蒙相關研究可得知，的確有幾種化學物質能提供不同的訊息功能，類似貓科動物的面部、安撫性及趾間的費洛蒙。

在**「面部費洛蒙」**裡，具有已知功能的三種化學物質分別是F2、F3和F4，它們與生殖行為、領土標記和促進社交融合有關。其中，F3與貓咪巢穴的氣味相似，可以增加安全感，因而成為第一種合成的商業費洛蒙，廣泛用於獸醫診所和治療與壓力相關的行為問題。

與面部費洛蒙不同，**「安撫性費洛蒙」**則近似於哺乳期的母貓腺體，不僅對於貓有安定作用，還可用於緩和多貓家庭的相處問題。

**「趾間費洛蒙」**則主要是應用於不同的介質表面，可用來引導貓咪到適當的位置進行抓撓行為。

無論是哪種費洛蒙，都會因為貓咪的個體特性、敏感度、健康狀況、情緒和內分泌狀態而影響牠們對費洛蒙的感受。另外，許多行為問題並非僅僅透過改變嗅覺環境就能輕易解決，因為可能涉及更廣泛的因素，例如環境、遺傳和壓力。因此，我們往往需要深入地理解貓咪的行為問題，並且以貓咪的角度來適當地運用類似的產品。

## 天大的煩心事，也終會好轉

我建議阿康姐先正確地使用噴劑相關產品，並微調居家空間擺設，讓粉粿有幾處較高且隱蔽的地方可以待著，以增加牠對環境的掌握度及安全感。

此外，除了在窗戶旁加裝簾子及隔音裝置，我也特別叮嚀阿康姐，在清晨或傍晚鳥類聚集時，要記得將窗簾放下，以減少視覺上的威脅對粉粿的影響，幫助牠的情緒慢慢獲得改善。

最後，我和阿康姐一起為粉粿量身定做適合牠的「睡前儀式」，例如睡前半小時的床邊按摩互動，搭配上美味零食的獎勵，幫助粉粿在新環境裡，建立穩定又愉快的日常作息。

幾週後回診，阿康姐像個小女孩般又說又笑地告訴我，她現在睡得很好，從身心門診正式畢業了，和粉粿的感情也和好如初。

「搬家時，我翻找到女兒幼年的衣服，實在捨不得丟。但現在有粉粿好好陪我，就覺得像是女兒在身邊。其實不管她現在人在哪裡，只要她健康、快樂，我就心滿意足了。」

人生六十，停停走走。阿康姐說，任何事情終有一天會好轉，說不定，就是明天。

# 情緒困境——毛孩對分離這麼焦慮，正常嗎？

【行為獸醫師說】經歷一次又一次的分離，長時間累積的負面經驗可能使毛孩難以調適，再加上品種的情緒高敏感度，讓瞬間失控的焦慮成為牠孤單時的地雷。

## 「我竟然想要放棄牠……」

候診區的昏暗燈光下，小偉眉頭深鎖，手中的雜誌翻了又翻，看起來若有所思。我上前關心，他長嘆口氣，坦言自己極度疲倦，而一切的導火線是他的傑克羅素㹴阿奇。

正值壯年的阿奇是小偉領養來的。第一任主人不知何故棄養牠，接著阿奇展開一場台灣環島之旅，歷經五個家庭，最終輾轉落腳在小偉的女友家。但說也奇怪，膽小又敏感的阿奇唯獨對小偉情有獨鍾，女友便將狗狗轉讓給小偉，讓他成為名正言順的第八任主人。

然而，最近阿奇的狀況讓他筋疲力盡，每天下班回家，開門前都得深吸一口氣，內心壓力如風暴般席捲而來。

「比如昨天回家，我看到牠全身都是屎，牠還一直踩一直踩……」

阿奇在女友家時，從監視器觀察發現，雖然牠獨自在家會發抖、來回踱步和忘情地挖沙發，但都還在可接受的範圍。不料到小偉家之後，換了新環境的牠，行為變本加厲，基本上完全無法獨處，小偉前腳還未踏出家門，牠便聲嘶力竭地吠叫，讓大樓管理員前來關切數次。小偉深怕再被鄰居檢舉，不得不在廁所加強隔音，把阿奇孤單地困在裡頭，然而這個處理方式卻引發牠更嚴重的焦慮行為，連帶讓小偉的身心也深陷煎熬。

「我竟然想過要放棄，明明答應過不再讓牠流浪了。」小偉努力將眼淚困在眼眶。除了徬徨，他也想知道：「阿奇對分離這麼焦慮，難道是正常的嗎？」

## 動物的依戀與分離

在自然環境中，幼犬對父母的依戀行為其實是一種極為重要的生存本能，可保護牠們免受捕食者的威脅，藉以提高生存率。

隨著成長，動物會提高和父母分離時的心理耐受度，逐漸學習獨立。然而，當這種依戀轉移到人類照顧者身上，約有三分之一的狗狗會因主人外出或無法回應需求，展現出不同程度的負面舞蹈。但確實並非每一隻狗狗都會發展出嚴重的分離相關行為。與狗狗相比，貓咪雖天生較為獨立，較少因分離產生行為問題，但實際上，貓咪也會與主人建立深厚的情感紐帶，展現出特別的依戀行為。從現有的統計來看，貓咪的分離相關行為，可能與破壞、過度發聲、亂尿尿、激動、焦慮、抑鬱或攻擊性行為有關。不過更能確定的是，主人在身旁時，有些貓咪的確能獲得更多的安全感，融入放鬆的氛圍裡。

像這樣的依戀行為，是否意味著人與動物之間的關係已模糊了界線呢？

回顧新石器時代晚期，考古學家在納圖菲安人（Natufian）的遺址發現，地底下除了

埋著貝殼、牙齒及串珠製成的早期工具外，還有一具人類挽著狗狗，沉睡於永恆歷史的溫馨畫面。這不僅反映出古人與狗狗之間的夥伴關係，也代表著彼此間深厚的情感是單單一條界線無法劃清的。

隨著時間的推移，人類逐漸意識到動物不僅僅是功能性的夥伴，更是帶給我們情感滿足和陪伴的重要存在。因此，人們開始刻意保留動物幼年化的外觀和行為，把動物當小孩般照顧。換句話說，「選擇性繁殖」也為人類和動物彼此帶來更多情感上的依戀，進而加劇了動物分離相關行為的發生。

在這樣的歷史背景下，我們與動物之間的關係變得更加豐富和複雜，不再僅僅是主人和動物之間的功能性關係，而是建立在情感與依戀的基礎上。這種關係不僅讓我們感受到愛和陪伴，同時也讓我們更加關心動物的健康和幸福。

## 分離時的焦慮，從何而來？

小偉問我：「阿奇會變成這樣，究竟是什麼原因？」

在臨床上，分離相關行為背後的原因非常複雜而多元，涵蓋了遺傳、品種、負面經驗、學習、社會隔離、運動不足、無意間強化、認知障礙及早期社會化不足等種種可能。

我告訴小偉，傑克羅素㹴大多好動又活潑，對主人充滿熱情，容易形成緊密的依戀關係，並不意味著一定有問題。但是阿奇過去的生活動盪，經歷了無數次的分離，所以長時間累積下來的負面經驗，確實可能使牠難以調適，再加上品種的情緒高敏感度，讓瞬間失控的焦慮成為牠孤單時的地雷。

對於無法以言語表達想法的動物，分離相關行為的原因也可能涵蓋其他潛在的壓力源。在現實生活中，我們難以準確地掌握動物的內心感受，因此無法排除像是噪音敏感、恐慌、廣泛性焦慮症、領域攻擊行為等其他共症的可能性。

我曾有另一隻哈士奇狗狗病患，總是在女主人出門後不斷吠叫，甚至咬傷自己的尾巴。經過長時間的觀察與歸納，才發現每到變天，狗狗的情況更加嚴重，揭示了雨天所帶來的壓力才是造成牠恐懼的主因。

因此，分離相關行為不應該被單純地視為一個診斷，而是需要蒐集所有相關的行為片段，推論各種可能性。**只有從問題行為的背景和規律性中，用全面的視角來找出潛在的動機，才能真正理解動物的行為。**

這意味著我們需要仔細觀察動物的行為，記錄下異常行為的時間、頻率、情境等資訊。透過蒐集這些觀察資料，我們可以更清楚地了解動物的行為原因，並針對性地制定解決方案。在進行分析的過程中，還需要考慮到各種可能的因素，包括動物的品種、環境、過去的經驗等，只有將這些因素納入考慮，才能得出更準確的結論，並找到解決問題的方法。

## 夜晚，觸發了阿奇的分離焦慮

我向小偉建議，先為阿奇安排一次全面的健康檢查，以排除任何的不適。同時也緊急提供一些降低焦慮、舒緩情緒的藥物給阿奇。這樣一來，小偉就可避免將牠困在廁所，避免彼此緊繃的情緒惡化。我並請小偉透過監視器，觀察阿奇在不同時間點所表現出的行為強度，這樣才不會錯過任何可能的線索。

經過數週觀察，小偉發現雖然阿奇在藥物幫助下，情況有顯著的改善，但每當夜幕低垂，牠的負面情緒仍然像漣漪般逐漸擴散。經過反覆討論後，我建議，或許應該向前幾位領養者打聽牠是否有類似情況，藉此拼湊出牠陷入情緒困境的真正原因。

幾日後，小偉捎來消息，談起阿奇的過去，他哽咽起來。原來阿奇的第一任主人在夜市工作，有天深夜出門後發生嚴重的車禍，住院好一陣子。阿奇歷經了長時間與主人分離，而主人出院後，再也無法回到正常的生活，也無法再像從前一樣照顧牠。或許正是這個原因，夜晚觸發了牠與主人分離的記憶和焦慮。

兩週後，小偉決定載著阿奇踏上尋找第一任主人的旅程。當他們來到阿奇舊家的巷口，牠突然狂奔向前，興奮地搖起尾巴。終於見到思念已久的前主人，牠發出又撒嬌又哀號的聲音。

小偉本以為阿奇不會跟他回家了，沒想到告別了前主人後，牠安靜地跳上車，不吵不鬧，就像個完成心願的成熟大男孩。

說也奇怪，自此，阿奇的狀態逐漸改善。因此小偉和第一任主人約定，每隔一段時間就帶阿奇回去，讓牠緩解思念之情。

從那時起，我們也漸漸順利地幫牠減少藥物，直到停藥，牠的情況都非常穩定。

阿奇無處遮蔽的盼望，最終得以找到守護的人，他們實在是最美好的緣分。

# 焦慮自傷——因懷孕生子，而棄養毛孩？

【行為獸醫師說】被原有照顧者棄養的毛孩，不但十分恐懼、焦慮，也會用盡全力和外界溝通，試圖打開一道回家的門。然而，牠們每天等待的是一個再也無法實現的夢。

## 「這隻狗好像過得很不好……」

剛走進診間，便瞥見有條狗面牆蜷縮在角落，把自己捲成了一團黑色毛球，不停發著抖。仔細一看，牠身上布滿坑坑疤疤的傷口，慘不忍睹。

「這隻狗好像過得很不好……」正當我這麼想的時候，一旁的男主人打破沉默：「五郎很膽小，牠才剛被我帶回來。前面一個短髮女生丟了一些錢，就跟獸醫師說她不要了！有沒有搞錯？牠還一直搖尾巴！」

原來五郎的原主人因為懷孕的關係，將牠載到偏鄉的獸醫院，希望安樂牠，小謙本來只是到獸醫院問路，正巧遇見。他倆的第一次相遇既不浪漫，又充滿狼狽，但我想五郎上輩子一定是做了很多好事，才讓小謙硬是想盡辦法，連夜將牠帶回家。

因為心絲蟲治療，被棄養的混種犬五郎成了我的心臟和行為門診病患。膽小的牠，嘴吻部的長度有點像黃金獵犬，立起的雙耳隨風搖曳，頗為帥氣。深邃寂靜的雙眼中夾雜著幾抹疲憊的灰，罩住牠迷濛的情緒，也訴說著牠悲傷的故事。

## 害怕到不敢走出家門

小謙說，五郎到了新家後，焦慮行為照三餐發作，讓他和家人十分困擾。除了夜晚不斷吠叫、破壞家具之外，五郎不敢走出家門，就像一隻怕水的貓，看到門口就夾著

尾巴落荒而逃。牠還會傷害自己，從後肢一路延伸到尾巴，大小不一的疤痕，似乎正吶喊著牠極度不安的情緒。

情急之下，我先開了一些身心藥物緩和牠的焦慮情緒，並教導小謙如何和牠互動、觀察牠的身體語言。我建議小謙在**每次互動時，給予五郎一些暖身時間，藉由美味的零食或基本的指令，以一種溫和的被動態度，等待牠主動上前**。

我們也重新規劃了整個居家動線，除了幫助他們適應彼此之外，也讓膽小的五郎有一塊隱密性較高的區域，可以在夜晚好好地休息。小謙每日還會花一點點時間，藉由食物獎勵的小訓練，幫助五郎學習平靜。

過了一些日子，我們等到五郎表現得較有自信後，才試著幫牠做減敏訓練，透過「靠近大門便能得到獎勵」的方式，慢慢地，讓牠有勇氣跨出家門，跟著小謙去散步。

隨著時間過去，五郎的情緒破網逐漸地被修補起來，就像魚找到了水，慢慢地游回大海。幾個月後的回診，只見牠雙耳自信地直挺著，熱情搖擺著尾巴，傻乎乎地向我走來。

小謙說，五郎的居家生活過得十分適應了，不再有自殘的行為，唯獨讓他擔心的是五郎只要看到年輕的短髮女生，就會發出哭泣的聲音。

我想，五郎脆弱的回憶始終連著一條長線，就像風箏在藍天飛翔，或許有一天，那位前主人會想起在這片藍天下，有一隻等著她的五郎。

## 被棄養的毛孩，情緒壓力高

事實上，國外收容所的研究發現，相比於從街上捕捉的遊蕩狗，**從家裡被主人棄養的狗在收容所的壓力指數較高**。被棄養的狗狗不但容易產生吠叫的行為，也可能發展出不同程度的分離焦慮行為。可想而知，這些突然與原有照顧者分離的動物，不但十分恐懼、焦慮，也會用盡全力和外界溝通，試圖打開一道回家的門。

然而，情緒的結隨著時間而越打越緊，這些毛孩每天等待的是一個再也無法實現的夢。

這樣的情緒壓力，也經常發生在被棄養的貓咪身上。

我曾遇過一隻被高中生拾獲的遊蕩貓。起初我刻板地認為，那樣一隻滿口潰瘍、不

到三公斤的短毛貓，絕對不是家貓。沒想到牠身上有晶片，也曾有個家。原來主人因懷孕生子，在搬家後，刻意將牠丟棄在路邊，更毫無遮掩地告訴我們，貓咪平時最習慣喝馬桶水，令人聽了非常心疼。

在收治住院的日子裡，這隻貓咪膽小、怕生，不斷地發出恐懼的叫聲，甚至不敢讓人靠近。同事們花了許多時間，才慢慢地打開牠的心房，使牠重新信任人類，願意被溫柔地撫摸。最後，終於為牠找到了幸福的家。

## 最可貴的生命教育，從小做起

臨床工作上，的確會遇到一些飼主因為懷孕了，考量到毛孩與小孩相處的問題，無奈地將家中的毛孩送養。

我深信每個角色都不容易，尤其是當女人要成為一位媽媽，又得兼顧毛孩主人、妻子、女兒、職業婦女等多重角色的同時，經常得放棄照顧自己，因此另一半的理解與支持，在此時此刻更顯得如此重要。

其實**有許多研究證實了，與伴侶動物一同成長的孩子不但深富同理心，也較為負責。**透過照顧動物的過程，孩子能學習尊重和愛護生命，並培養敏銳的觀察及應變能力。除此之外，伴侶動物能提高孩子的社交及情感技能，成為忠實的小夥伴，並增加孩子的正向情緒管理，陪伴孩子度過學習的低潮，成為一種安全的情感支持。而這種與動物相處的寶貴生活經驗，無形地提高孩子的自尊心與體能發展，透過生活的點滴累積，為孩子建立起獨特的生命視角。

但是，從毛孩的角度來看，小孩所帶來的壓力，除了居家動線受限，讓牠原有的例行日常被大大地改變之外，還有大量湧入的幼兒用品、主人生活作息驟變、高分貝哭鬧聲及不熟悉的氣味……這些新的變化，經常讓毛孩的安全感存款大量流失，並隨著小孩不同階段的肢體成長，產生更具體的被威脅感。

我有位家屬在懷孕生子的過程中，家中原本性格溫和的老貓變得十分焦慮。在女主人分娩前幾天，牠甚至突然尿不出來，只好送急診。

女主人事後回想，在寶寶出生前，她和先生就將貓咪最愛待的書房規劃成未來的嬰兒房。因此，貓咪的主要活動區不但被寶寶的物品取代，連同牠的日常例行生活，也

因為女主人待產的緣故而有了許多變化，其實默默地對牠產生不小的壓力。這樣的情況，也經常發生在因為工作調度而產生變動的家庭裡。

我建議女主人先在嬰兒房暫留一塊貓咪最愛的區域，好讓牠可以像從前一樣靠在窗邊，享受美好的陽光和微風。接著再利用一到兩個月的時間，慢慢地在家中規劃出一處安靜的角落，並利用紙箱與隱蔽性較強的貓窩，為貓咪建造一個噪音相對較小的祕密基地。

小寶寶出生之後，貓咪逐漸適應了新的生活，並藉由家屬的監督和引導，與寶寶有了許多正向的互動。

所以，在懷孕期逐漸改變居家空間，彈性地規劃出毛孩的「專屬區」，才較能使得毛孩在無壓力的情況下，接受新生活到來，並同時保有較多的安全感。

此外，還可利用減敏訓練，並在家長謹慎的監督之下，讓孩子與毛孩安全地相處。秉持著**相互尊重**、**不強迫**的原則，讓毛孩能隨時有中斷互動的選擇，找回對生活的一種控制感。

## 尊重動物的身體界線

然而最重要的是，要**教導孩子閱讀毛孩的身體語言及尊重動物的身體界線，讓孩子了解並不是所有的毛孩都能接受被碰觸**。如此一來，才能藉由這些日常相處，讓彼此學習正確的互動方式。

無論對毛孩或孩子來說，每一次的相處經驗都是一次重要的學習，而我們生命中對許多事物的尊重，便是從這樣渺小的事物一點一滴漸漸累積起來的。這也正是最難能可貴的生命教育，從小做起。

# 受虐創傷——怎麼忍心這樣對待一個生命？

【行為獸醫師說】外表可見的傷口會癒合，然而，內心的傷痛不知有多大。

當動物長期受困在厭惡的環境時，為了生存下來，會經歷一段極度痛苦的適應期，但這並不是習慣，而是無力抵抗的絕望。

## 「妳的貓給我，好嗎？」

「李醫師，阿布剛剛喘了一口氣，走了……」

聽著手機那頭傳來顫抖的啜泣聲，我頓時呆住，好一會兒才說：「我過去一趟好嗎？我想看看牠最後一面。」

我慌張地繞到花店買了花，趕往阿布的家，臉上不知是淚還是汗，讓眼前的路變得有些模糊。

阿布原本是長期被飼養在暗巷的受虐貓。諷刺的是，前主人卻把牠當作可愛的店貓，讓牠在防火巷的惡劣環境下過了好些年，直到被阿布媽媽發現。那時，她好奇地翻開密不透光的塑膠布，發現鐵籠裡面竟然有一隻可憐又害怕的貓。籠子內一半是貓砂盆，塞滿的另一半則是牠，而飼料碗正對著汽機車的排氣管。

正是因為她的好奇心，讓阿布不見天日的牢籠生活終於照進一道自由的曙光。「妳的貓給我，好嗎？」眼見寒流即將來襲，她鼓起勇氣，開口向陌生人要貓。然而過程沒有想像中順利，前主人認為這樣的飼養方式沒有問題，打從心底覺得阿布幸福又乖巧。她花費了許多心力展現誠意，終於在交涉好一陣子後，軟化對方的想法，成功救援阿布，隨即將牠帶到我工作的動物醫院，進行全身健康檢查。

有時候，人生就真的需要出現這樣一個人，願意伸出手，將毛孩眼前的運和命澈底地翻轉過來。

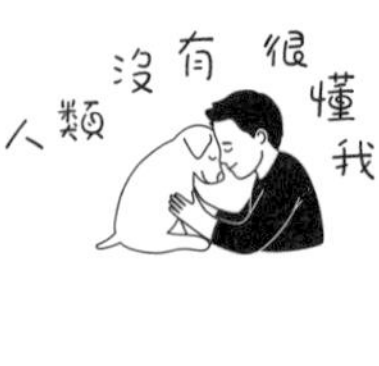

## 長期惡飼養的身心傷痕

直到現在回憶起初次見著阿布的那一刻，對我的內心衝擊還是十分巨大：映入眼簾的可憐貓，全身上下黏滿像瀝青般的排泄物，我心痛地想像著牠到底過著怎麼樣的生活。和我一同檢查的助理突然驚呼：「我看不到牠的腳掌！妳快看！」我趕緊探頭檢查，心整個揪了起來。

阿布的腳掌和排泄物儼然密合成厚實的鞋，也像極了裹上石膏的腳，更像是沉重的枷鎖，將毛孩的靈魂緊緊地鏈在絕望的角落。

細心的助理趕緊向附近的寵物美容店借了場地，我們兩人花好大一番工夫，將全身沾滿排泄物的毛剃個精光，並反覆地替牠洗了好幾次澡，才還給這個可憐的毛孩乾淨、完好的樣貌。

然而，阿布就像一只破碎的花瓶，儘管我們將牠身上的汙垢洗淨，卻沒有辦法移除長期惡飼養在牠身上所留下的累累傷痕：由於關節變形，體重嚴重失衡，讓牠再也無法像其他貓咪那樣輕鬆地行走；長期吸入廢氣的後果，則是讓牠的肺部白花花的一片。看著牠時而呼吸費力，時而咳得停不下來、喘到不行的模樣，讓人非常心疼。

百般考量之下，我讓阿布在醫院先待上兩個月。這段期間，除了接受腎臟疾病及心肺的治療外，我們也努力讓阿布慢慢地習慣人類的照顧和互動，並讓牠有機會四處走動，找回對生活的一些選擇權。

起初，牠總是害怕地躲在角落，並偶爾出掌，作勢攻擊。但隨著日子過去，牠漸漸地開始對周遭感到好奇，並且較有自信地探索環境。

## 受虐的毛孩，如何找回信任？

從行為的角度來看，一隻長期受虐的毛孩重新融入新生活的難易度，除了和牠早期的社會化程度及本身氣質相關之外，還牽涉到被救援時的年齡、健康狀態、遺傳與負面經驗強度等因素。

像阿布這樣的受虐貓，外表可見的傷口會癒合，但是牠內心的傷痛究竟有多大，我

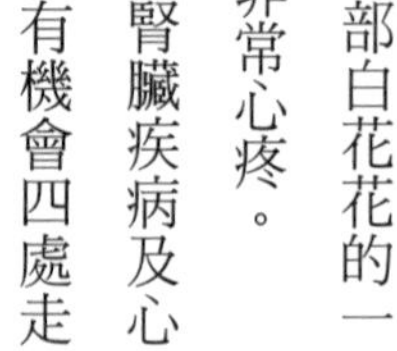

們無從得知。因為**當動物長期受困在厭惡的環境時，為了生存下來，會經歷一段極度痛苦的適應期**。但這種適應並不是習慣，而是無力抵抗的絕望。

從極度恐懼到最後放棄掙扎，動物開始深信自己做什麼都沒有用，進入一種**「習得性無助」**的狀態。因此，當受虐動物不再表現出恐懼行為時，其實牠們正被壓力澈底地淹沒，掉入抑鬱的漩渦裡。若從神經科學的角度來看，可以發現與學習、動機及情緒調節的大腦前額葉功能，也逐漸地受到抑制，進一步加深了動物的負面情緒。

或許正是這樣的心情，讓阿布沉默無聲，沒有對外界發出求救訊號，彷彿牠已放棄了所有希望。

有時候，我們還會發現一些受虐動物儘管遭受人類長時間的不合理對待，卻會對加害者產生矛盾依附的心情，這就是所謂的**「創傷性關係」**。

這些動物可能會表現出各種友好行為，不斷地在人前撒嬌，或是表現得非常安靜、溫馴，讓人誤以為牠們很幸福。但這些行為的背後，實際上是歷經了極度的痛苦和不安。**為了生存，受虐動物只得從加害者身上渴求被認可的安全感，來支撐活下去的動力。**

幾年前，我曾經到訪位於金三角附近的大象救難營，探訪被救援安置的受虐大象群。一位照顧大象的志工指著一隻剛被救援的大象，告訴我，這隻大象似乎一直認為自己身上還有根繩子，即使已經獲得自由，但仍被無形的過去牢牢地拴著，讓牠不敢四處移動。這其實正反映出受虐動物的習得性無助，並在獲得自由之後，仍未消失的心理創傷。

## 循序漸進地走向新生活

不同於人類的心理治療，面對受虐動物，我們無法確切地使用談話式的認知行為療法讓牠們重組對自己的信念。但是我們可以利用一種有結構的正向學習，透過讓牠們完成簡單的任務遊戲，並以食物或玩具作為獎勵回饋，使牠們逐漸產生積極的期待。長期下來，這樣的回饋會觸發腦中多巴胺等神經傳遞物質的分泌，進而促進行為改變，幫助動物慢慢重新建立起信心的同時，也獲得一些安全感，逐漸走出陰影。

就像在阿布住院期間，阿布媽媽經常到住院部陪伴牠，培養彼此的熟悉度，並以一種循序漸進、不強迫的溫和態度，等待阿布主動靠近之後，立即送上美味的肉泥作為獎勵。也正是她這樣的**耐心陪伴，讓長期活在恐懼中的阿布一步步地找回自己，也找回**

**對人類的信任。**

出院那日，當媽媽來接牠時，阿布像是知道什麼似的，主動地緩緩走向媽媽準備的外出籠，也順利地走進新生活裡。

## 活在自由的光裡

雖然阿布在新家躲藏了整整一個月，與其他貓咪保持距離，但最後終於有了勇氣，慢慢地走出角落，和其他貓咪相處融洽。

只不過，因為心肺狀況持續惡化，阿布的病情急轉直下……儘管快樂的新生活沒能持續太長，但牠最終是活在滿滿的愛裡，也活在自由的光裡。

牠最後的表情看起來平靜、安詳，我將花束放在牠身旁，一束白色的桔梗，花語是「永恆的愛」。

阿布離開那天是四月四日兒童節，在我心裡，這天代表著所有受虐的純真毛孩靈魂，也代表所有像阿布媽媽一樣勇敢的救援者。

# 二、受困的靈魂

# 照顧者困境——毛孩的行為問題嚴重影響日常，怎麼辦？

【行為獸醫師說】家屬長期地竭力照顧毛孩的行為或健康問題，而漸漸遠離自己原有的生活，這正是所謂的「照顧者困境」。

## 「不要把皮皮送走……」

小學的某日，教會的阿姨向我們兄妹三人極力推薦剛出生的小黑狗：「這麼可愛的小狗狗，你們現在不抱回去，以後想要就沒有了。」天真的我們立馬密謀把小狗偷渡回家，取名皮皮，讓牠藏在大哥幾多的被窩裡。

沒想到小狗的叫聲又尖又響亮，馬腳露出大半截的三個小孩，做壞事的代價是被父母責罵加罰跪整晚，終換得皮皮留校察看的門票。但是，如夢似幻的養狗生活沒過幾天就全走了味，而且是濃烈的臭味——皮皮在家四處便溺，還祭出一地蛔蟲，嚇得大家魂飛魄散，急忙帶去獸醫院看病，父親更氣得要把這隻小麻煩遠遠地送走。

當時全家陷入前所未有的僵局，父母天天為了皮皮的去留吵架。每天晚上，大哥都緊緊挨著皮皮入睡，不敢鬆手，深怕醒來就失去牠。

在那個沒有網路、資訊匱乏的年代，教養動物得憑點直覺和經驗。我們兄妹三人左思右想後，由大哥領軍，開始模仿阿嬤，認真地對著皮皮吹口哨，噓來噓去地試著教牠上廁所，結果當然不難猜測。父親的脾氣就像火山快要爆發，到達了臨界，兩週後，他毅然決然地將皮皮送給菜市場的雞販阿婆收養，我們全都哭成一團。

## 請給牠合理的耐心

我們家曾發生的教養衝突，即使到了現在，也經常在許多家庭上演著。難道要教養狗狗就如此困難嗎？

其實換個角度看看，人類要學會爬行、走路，一直到能獨立坐在馬桶上，至少需要三年以上的時間。因此，**給予動物相對合理的耐心是非常重要的。**

正常來說，成長期的前八週左右，幼犬會開始嘗試離巢，勇敢地探索環境，在探險的同時會尋找合適的地點，來滿足排泄行為的需求。這是幼犬學習「自我控制」的開始，所以，若能在這個階段引導幼犬到適當的地點排泄，便較能輕鬆地指導牠們學習定點排泄。

隨著幼犬成長，調整用餐與排泄的時間順序變得越來越重要。大多數的狗狗在進食後的半小時，會開始表現出轉圈、嗅聞、對主人吠叫等行為，這是牠們的排泄訊號，也就是所謂的暖身動作。因此，主人的細心觀察和即時反應，配合上固定的餐後散步，通常有助於建立狗狗的腸道作息。

值得提醒的是，活動力旺盛的幼犬必須透過攝取高熱量食物及充足水分，才能維持成長所需，因此排泄量及次數經常比成犬來得更多。而毛髮濃密的狗狗因為體溫偏高，經常得攝取水分，排泄量也比一般狗狗多。所以說，觀察狗狗的排泄行為和作息，不應該只是制式化地要求牠們遵守規範，更應該將年紀、環境、季節、品種，甚

至是狗狗的特殊需求納入考量。

當狗狗做得不順利時，該怎麼辦？先別急著氣餒，讓我們先冷靜地想一想：狗狗是否遭遇到困難？

若急著對狗狗進行嚴格監控，或是一旦犯錯就懲罰，不僅容易讓我們自己陷入焦慮，也容易引起狗狗的負面情緒。在這樣的惡性循環之下，狗狗反而可能因為怕被主人責備，而選擇躲起來偷偷排泄，甚至產生「順從性排尿」的狀況（這種行為通常出現在毛孩感到身心威脅時，會藉由壓低身軀、迴避眼神及釋放尿液等行為，來排遣不安的情緒）。

在生活中，我們會見到小狗興奮地搖著尾巴，明明想接近卻又顯得退縮，不知道牠究竟是要還是不要，接著就閃尿失禁，讓主人摸不著頭緒。其實**這是幼犬的一種正常的自我保護行為，也是牠在學習抑制攻擊行為的衝突情緒**。多數人見此狀況，往往會落入責罵的迴圈，但這樣的態度卻反向加重及固化小狗的衝突情緒，長期下來，容易發生狗狗四處便溺的狀況，又遭到責罵……其實狗狗是透過留下排泄物的行為，緩解焦慮情緒和維持領地的安全感。

因此，教養動物需要溫和的引導，**建立起一個友善的「試誤空間」**。

## 深陷困境的照顧者

倘若情況久久不見改善，排泄物的異味已經嚴重影響到生活，該怎麼辦？

當任何行為問題嚴重影響到人類的生活時，便有可能造成飼主身心健康及動物福利的雙重困境。我非常建議此時**先尋求專業協助，找出鬆動問題的方法，而非獨自面對。**

我見過許多家庭，長期地竭盡全力照顧毛孩的行為或健康問題，隨著時間推進，也漸漸遠離了自己原有的生活。這種既擁有又正在失去的愛，正是所謂的「照顧者困境」。處於困境裡的人，可能是一個、兩個人，也可能是一整個家庭。

一般來說，照顧者承擔了大部分的責任與壓力，但又得持續地提供毛孩情感上的支持及照顧，長期下來，會有身心疲憊、情感壓力，甚至是社交限縮的狀況。而財務耗損

和身旁親友的關切，在這時也經常讓照顧者陷入複雜的疲憊中。許多照顧者便在這樣長期的精神消耗下，產生失眠、憂鬱等狀況，甚至是全盤放棄的想法，令人非常心疼。

每個人的生活都是由各種關係與情緒堆砌而成的，無論是我們與動物或與他人之間的關係，都無法完美。事實上，許多人每日必須付出很多努力，才能「勉強維持」內心及毛孩生活的平衡。因此，照顧者困境絕對不只是角落裡的一個現象，而是你、我身旁一份值得被理解和尊重的心情。

## 與自己的情緒和解

對此，我經常做的就是好好地為家屬承接住這份心理上的重量。除了理解家屬的心境，我會提供家屬一個安全對話及被陪伴的空間，讓他們可以適度地釋放情緒。因為**人只有與自己的情緒和解之後，才有更多餘力照顧毛孩，也才有辦法去「看見」與毛孩的關係裂縫裡，照進的那一道光。**

我曾遇過一個家庭，因為家中老狗的排泄問題，夫妻長年互相指責，甚至導致婚姻出現危機。看診前，我先了解夫妻雙方的想法，幫助他們離開情緒的風暴，接著與他們一起透過平靜的對話，慢慢梳理出毛孩行為的所有脈絡，找出更適合他們家庭的解決方案。雖然過程中充滿眼淚，但這也是重塑整個家庭關係中，最珍貴的一環。

面對深陷困境的照顧者，除了引入專業的協助外，建議身旁的朋友可以透過積極的傾聽，讓他們感受到被支持和肯定的力量。另外，也可以考慮提供實際的幫助，擴大照顧者的喘息圈，並減輕他們的生活負荷。

我認為，避免隨意說出個人評斷是非常重要的幫助。因為，早已深陷困境的照顧者，經常得面臨許多難以言喻的自責及無力感，此時最需要的祝福通常是一份「厚實的溫柔陪伴」，而非更多的檢討和建議。

## 童年未盡的心願，延續至永遠

雖然與皮皮的相處時間短暫，但在我心中，永遠都有一個屬於牠的特別位置，那是

童年未盡的心願，一場夏日的離別。

多年來，我的大哥幾多時而孤單、時而辛苦，與憂鬱症打著一場又一場無形的個人戰役，直到他離世前，心中也始終有著皮皮相伴左右。

無論過了多久，沒能說出口的告別，我會一直放在晴朗的地方，讓美麗的陽光好好地照映著。

皮皮是最棒的狗狗。而幾多，他是我最棒的哥哥，永遠都是。

# 貓叫疑雲——叫不停，毛孩是看到什麼東西嗎？

【行為獸醫師說】異常發聲行為，除了心理問題，有更大的可能性是其他疾病引發的。診斷行為問題之前，要先讓毛孩做完整的健康檢查。

## 「牠這樣一直叫，是不是中邪？」

某天在查看當日的預約門診時，我被一段簡明扼要的敘述吸引了目光：「**懷疑貓看到鬼。收過驚，但是沒有改善，想請醫師看看有沒有中邪。**」

我下意識地吞了吞口水，歪著頭咀嚼這段文字，畢竟工作十幾年來，凶貓、病貓看

過無數隻，但還真沒親眼見過中邪的貓。

不久，一名年輕男子提了只全新的貓籠，放輕腳步走進來。一進診間，籠內的虎斑貓迅速壓低身子，耳朵向後壓平，呼吸急促地張著嘴，不斷喘氣，接著發出淒厲的叫聲。

「醫師，波卡每天就這樣一直叫，原以為是對著我的身後叫，但我往後看，什麼都沒有啊。牠這樣是不是中邪？妳有見過這樣的情況嗎？」男主人看著我問，我也一臉疑惑。

波卡的原主人是這名男子小段的姊姊。前一年，姊姊病逝了，留下波卡。親戚原本將波卡接去他們有兩隻狗狗的家庭，打算好好照顧牠，無奈波卡在新環境完全不能適應，每日只躲在房子的一角，不吃不喝、不敢移動，削瘦了許多。小段得知後，立即將波卡接過來，開始一人一貓的同居生活。

小段是養貓新手，但是為了波卡，他事前做足準備，希望幫助牠在新家更加放鬆、自在，例如替波卡備妥適口性較高的濕食，提高牠的進食意願。考慮到波卡怕生的個性，他還特別準備了一間貓房，讓波卡能不受干擾地慢慢摸索環境。

過了一段時間，波卡除了願意探索家中的環境之外，也開始正常進食，體重逐日回升。他原以為情況會就這麼順利下去，直到兩個星期前，波卡開始持續淒厲地叫，嚴重影響到他的作息。他擔心是不是自己哪裡沒做好，或是……莫非波卡看到了去世的姊姊？

## 貓至少有十六種叫聲

從貓科動物的演化過程來看，缺乏語言能力的貓咪，主要是藉由尿液、費洛蒙或身體語言的方式作為彼此溝通的管道。雖然貓咪的確還是會對彼此發聲，但通常見於幼貓、近距離防禦、攻擊或是母貓發情時，才較為明顯。

然而在漫長的馴化過程中，貓的發聲模式及頻率，已隨著與人類生活的距離越來越近，漸漸地變得有些不同。日常中常見的成貓叫聲，包括滿足的呼嚕聲、尋求關注的喵喵聲、憤怒的嘶嘶聲、恐懼或不滿的咕嚕聲、看到獵物的吱吱聲、求偶或不滿的吼叫聲、憤怒或恐懼的尖叫聲、求愛的鳴叫聲、不滿的呢喃聲、激動的咆哮聲等。在這些已知的至少十六種叫聲中，**深長及低頻的聲質，多半是傳達一種負面的情緒。**

有趣的是，每隻貓的叫聲就像人類的聲線般，都略有不同。雖然人類沒有辦法準確地分辨出每一種貓叫聲的含義，但是經驗老到的資深貓奴，的確較能辨認出自己貓主子的聲音，聽著那聲聲呼喚，回應貓主子的需要。

因此，貓不需要在人類面前跳來跳去或留下氣味，而是隨著情緒起伏，配合身體語言和多元的音頻，向人類表達自己的需求。不難想像，這樣的改變是因為貓咪察覺到

當牠們發出聲音時，能快速地成功吸引人類的目光，並得到想要的結果。

你可能聽過類似的抱怨：「我家的貓昨天半夜不斷地對我喵喵叫，我只好起來倒飼料，害我失眠了一整夜，真是累死我了。」事實上，這樣的互動也是貓咪的行為逐漸被主人強化的一種學習過程。換句話說，由於主人對於喵叫聲立即回應，讓貓咪學習到「對人類喵喵叫，真是管用」！因此若要改善貓咪的擾人鬧鐘模式，主人可以試著調整行為，減少這樣一來一往的雙向互動。

## 評估異常發聲行為，先做健康檢查

反觀**聲量過大或頻率過多的異常發聲行為，除了心理問題之外，有更大的可能性是由其他疾病所引發的**，像是認知障礙、全身性發炎、感染、內分泌疾病、神經系統疾病及腫瘤等，都有可能造成貓咪的疼痛，或是間接影響神經系統，而產生過度發聲的狀況。

臨床上，有許多家屬因為貓咪夜間狂叫而不堪其擾，甚至遭到鄰居抱怨，便希望能解決這類行為問題。但是在診斷行為問題之前，通常我會建議家屬先將貓咪帶至動物醫院做完整的健康檢查，並在獸醫師的協助下，評估貓咪的神經及認知功能是否有異常。倘若真的還找不出原因，再轉至行為門診，為貓咪做進一步的分析和診斷。

從行為的角度來看，其實有非常多原因會讓貓咪不斷地叫，像是年紀、節育狀態、主人的教養方式、貓咪尋求關注的程度、生理需求、領域行為、焦慮、壓力及本能行為等，都可能彼此互相影響，互為因果。因此，面對這樣不停運用聲音和外界溝通的毛孩，往往需要行為專家細心地查看一切的生活細節，才能一一抽絲剝繭，找出所有的潛在因子，並幫助貓咪和緩行為。

## 叫得淒厲，因為生病了……

我建議先幫波卡安排一次完整的健康檢查，排除生理上的不適，再來確認是否屬於心理問題。沒想到經過檢查，發現波卡的胸腔和腹腔都充滿積液，血檢的結果也令人

十分擔心。在將胸水及腹水都抽取出來之後，我立即將波卡轉診到其他醫院，進行全天候的重症加護。

一段日子過去，小段告訴我，波卡的狀況不見起色。矛盾的是當波卡不再叫了，小段既難過又心疼，因為他有預感自己將失去牠。為此，他非常自責，認為是自己做得不夠好。

我告訴小段，我相信在他姊姊離世之後，波卡確實是焦慮的。但是，姊姊一定充滿感激，因為有人在此時伸出一雙大大的手，溫暖地擁抱她心愛的毛孩，並接住牠所有的不安，而這份愛不需要是完美的，因為愛，從來都不是完美的。

一個月後，小段致電到動物醫院，表示希望能親自跟我打聲招呼。在擁擠的車潮中，我遠遠地看到一輛藍色車子向我行駛過來，車窗緩緩搖下，小段的手撫觸著副駕駛座的骨灰罐。

「李醫師，謝謝妳的照顧。我要帶波卡去找我姊了，他們會永遠在一起！」

我笑著伸手摸了摸罐子，知道波卡終於要回家了。

# 過度吠叫——拚命地叫，毛孩到底想表達什麼？

【行為獸醫師說】仔細注意吠叫的「時間點」，並觀察毛孩的情緒動機：是需要安撫、關懷或是幫助？

## 勇敢的「小王子」

玩具貴賓犬該該自幼犬時期開始，就展現出敏感而膽小的氣質，常常發出哭聲，主人小伶便為牠取名叫「該該」。但我更喜歡稱呼牠為「小王子」，因為有著一身金色細軟毛流的牠，清澈杏眼和修長身形使牠活脫像個童話故事中的王子，純真又帶有幾

分帥氣。

相較於其他狗狗，該該的叫聲比較尖銳，也很有辨別度，多半是在牠感到恐懼的時候才發出。每當我拿出細針準備抽血時，牠會輕撇過頭，微微發抖並小聲哭泣，但始終配合治療，因此，我一直覺得牠非常勇敢。在無數個看診的日子期間，牠雖因慢性肝炎而持續用藥，但病況還算平順。

然而到了後面幾年，因慢性腸胃炎、胰臟炎及膽囊感染，該該反覆地住院治療。但是牠不喜歡離開家人，也不適應住院，因而不停地哭叫。

在給予止痛和降低焦慮的藥物之後，該該的住院情緒總算好轉許多，不再像之前那樣不安地吠叫，而是變得更加平靜和放鬆。看到牠慢慢恢復了自在的表情，我心裡也更加安心。

在診間遇過許多貴賓犬，我發現每一隻毛孩都有著獨特的個性，並不是每一隻都喜歡吠叫。不過，在前來求助狗狗吠叫問題的家庭中，有很高的比例是純種犬的苦主，像是馬爾濟斯、約克夏、吉娃娃、貴賓犬、臘腸犬、博美犬及狐狸犬等。

讓人困擾的是，這些犬種中有許多是心臟病的好發族群，讓主人既煩惱，又擔心得不得了。然而，通常主人會慢慢習慣狗狗的吠叫，直到開始影響到生活品質、接到鄰居投訴、衍生其他問題行為，又或者影響到心臟病的穩定性，才會帶狗狗前來就診。

## 牠到底想要表達什麼？

很多家庭都曾面臨同樣的困擾，尤其當敏感的毛孩不得不接受醫療時，聽著那聲聲哭叫，真的讓人心疼。

其實，吠叫是狗狗常見的溝通方式，尤其是長期與人類合作的功能性犬種，更是如此。每一隻狗狗的叫聲都千變萬化，統計下來至少有十種模式，看似多樣，卻不難辨別吠叫的原因。近代的研究也發現，人類的確可以透過狗狗所發出的不同吠叫聲來判斷牠們的目的，像是憤怒、恐懼或快樂。因此，吠叫可說是一種很棒的交流方式，讓人類更願意與擅長溝通的犬種相處，也因此在演化中被保留下來，成為現代狗狗的一種普遍特徵。

所以，狗狗過度吠叫有各種各樣的原因，只要**試著從狗狗的角度來思考，想一想：**

**「狗狗為什麼會想說話？牠們到底要表達什麼？」**也許更能找出適當的方法去面對。

像是有許多住院病患，因為疼痛、焦慮、恐懼及失去自由等負面情緒而不斷吠叫。對於這樣的毛孩，除了適時給予止痛和降低焦慮的藥物之外，溫柔對待、播放輕柔的音樂及適度的家人探訪，也非常重要。因為動物通常不知道自己正在面對什麼，更不知為何被主人留在陌生的環境裡，更別說要在手上插針、戴頭套、灌食或關在窄小的住院籠內。對動物來說，這就好比人類被外星人綁架一樣，十分恐懼又煎熬。

由該該的例子可以知道，狗狗的過度吠叫問題，不能被誤認為一種行為問題。實際上，**吠叫是一種表達，也是感受到壓力時的抒發表現**。在多數情況下，遺傳、品種、社會化經驗、成長階段、健康狀態、環境及教養態度等因素，都交錯地影響著狗狗的吠叫行為。

因此我常常提醒家屬，吠叫的「時間點」往往才是最重要的關鍵。

面對這樣的行為，真正的第一步是確認毛孩的健康狀態，排除所有疾病的可能性，並確認牠的基本需求是否得到滿足。接著，仔細注意吠叫的「時間點」，觀察狗狗的情緒動機，是需要安撫、關懷或是幫助？才能針對不同的情況，彈性調整應對的方式，逐漸降低吠叫的強度。

但是，觀察動物行為確實是一件耗時的事。正因如此，很容易讓家屬感到挫折，進而使得恐懼及領域相關的吠叫問題越拖越久，隨著時間拉長，慢慢地升級成更嚴重的行為問題。因此，及早正視並逐步幫助動物學習自我調適，是非常重要的。

## 考慮用藥前，與醫師仔細討論

面對吠叫行為，可以用藥嗎？

當毛孩無法調適，甚至嚴重影響了整個家庭的生活品質時，針對焦慮、恐懼等負面情緒，藥物可以幫助緩解困境，優化動物的學習能力，並減少負面情緒的層層累積，進而降低吠叫的頻率。

然而，**眾多的吠叫行為通常都不是一夜之間突然發生的。許多狗狗從幼年時期就有吠叫的傾向，隨著成長過程中，可能經歷了主人的懲罰式教育或過度關注，造成行為逐漸被強化，因而會降低藥物的效果。**

因此在考慮使用藥物之前，我通常會先與家屬好好地討論，輔助家屬寫下毛孩的「行為日記」，記錄下像是：吠叫的時間點、地點、長度、頻率、家屬的反應等，藉此了解還有哪些方面可以調整。雖然這樣的過程可能沒有立竿見影的效果，但透過詳細的紀錄，我們較能更清楚地識別和分析毛孩的行為模式，理解牠們的需求與情緒，及早發現潛在的健康問題或其他的不適。另一方面，主人也可以回憶起更多生活細節，提供有用的線索，以制定出更有效的輔助方案。

最重要的是，當毛孩和主人之間的情感因各種困擾而消耗時，專業人員提供的陪伴和情感支持是至關重要的。因此，透過這份觀察日記建立起的溝通與協調，不僅僅是輔助治療的過程，也是幫助家屬重新站起來的一種支持。

## 最後的告別

我和該該一同度過了十年看診時光，但最後，牠不敵病魔而離世……忘不了那天，一聽小伶告知牠過世的噩耗，我全身癱軟在地上，非常不捨地大哭出來。後來，我在診所外的大樹下擺上一朵玫瑰花，向牠告別。

還記得最後一次見到該該是聖誕節前夕，陽光灑落在那棵大樹上，一切寂靜得像幅畫，診間裡的牠正開心地享用零食，那滿足的神情讓我感到無比幸福。

每到寧靜的冬日，我都會記起曾遇見一位「小王子」，牠是如此的美好。

# 高敏感氣質——是我的教養方式有問題嗎？

【行為獸醫師說】把「牠怎麼做不到」的想法，轉換成「我們還是可以」，便較能在教養的沮喪中，找到更多的力量。

## 「牠為什麼到哪兒都疑神疑鬼？」

初診的三歲柯基犬餅弟躲在女主人小寧腳後，不停地發出哭聲，偶爾偷偷地與我對視。

小寧挪開了腳，「醫師，妳看，牠就是這個樣子，到哪兒都疑神疑鬼的。我上星期帶牠去公園，剛出門還滿開心的，可是後來又喘又抖，我真不懂牠到底想不想出門。」

我仔細地詢問餅弟的生活細節，並參考牠過去的行為模式和健康檢查的結果，發現環境中的聲音、氣味或是光線的改變，都會讓餅弟感到緊張、不安。綜合評估後，我認為餅弟的行為狀況主要源自於牠的「高敏感氣質」。

小寧聽了，表情顯得擔憂，我向她解釋：「敏感並不是貶義詞，而是一種相對的表現。」

在生活中，我們都會經歷情緒的起伏，就像人類一樣，狗狗也有自己的情緒變化。在一般的情況下，這些變化並不會帶給我們太大的困擾，但是當承受的心理壓力增加時，敏感開關便容易被打開，這時感受開始變得更加敏銳，對原本可以忽略或容忍的事情變得格外在意。

像是人類生病或感到疼痛時，聽見噪音可能會覺得不安；同樣地，當狗狗疲倦時，可能會想遠離明亮的地方，或是拒絕其他狗狗靠近。

「因此敏感的表現不一定是異常的，而且每隻狗狗敏感的程度也有所不同。」我告訴小寧。

## 高敏感狗狗容易陷入情緒風暴

像餅弟這樣的高敏感狗狗，通常非常注重環境中的細節，可以說是擁有極佳的感官處理天賦。但是相對地，當牠們受到外界刺激時，往往會產生過度的反應，因此，控制情緒對牠們來說的確是一大挑戰。即使是輕微的壓力，也可能引發牠們的焦慮，讓牠們陷入情緒的風暴之中。

我建議小寧，**當餅弟因為一點小事而情緒失控時，別急著要牠學習保持平靜，而是先試著去同理並接納牠的不安。要明白餅弟並不是故意的，只是牠還在尋找一種方法來好好地調適情緒的能量。**只有這樣的理解，才能留出一些心力與空間，去看見毛孩深埋在情緒之下的需要，以及那些難以言喻的感受。

重要的是，要明白狗狗的情感表達方式有限。因此，引導餅弟在情緒風暴裡找到安全的邊界，最好的方式就是：讓牠喜歡自己，並感到幸福。

雖然狗狗的自我意識尚未完全被證實，我們仍然可以透過提供適切、可預測和可承受的環境，來幫助牠們減少生活中的各種壓力，並確保牠們有足夠的心理準備和安全感。這樣做，可以培養出狗狗對自己的正向信心和幸福感——這種**以滿足「狗狗需求」為出發點的教養方式，其實也是一種對高敏感狗狗的寬容與支持。**

透過這種方式，可以幫助狗狗降低情緒的溫度，並調適在環境中的挫折感和混亂的步調。

另外，我也建議小寧可透過正向的獎勵訓練，來幫助餅弟逐步調適情緒。因為這樣的互動，不僅可以在愉快的氛圍下，增進與毛孩的信任與情感，也能夠幫助毛孩感受到主人的支持，有助於減輕高敏感狗狗的不安。

## 「是我的教養方式有問題嗎？」

小寧邊聽邊點頭，但是表情又突然暗了下來。

「一開始，我們養狗是想和牠一起快樂地到處去旅行。但是現實是，連這樣看似簡單的事情也很困難，因為牠在外面的表現不穩定，讓我們時常得匆忙地逃回家。我

從未體驗到大家口中的夢幻養狗生活。到底是我的教養方式有問題？還是牠感到不幸福？有時候，我甚至氣到覺得自己真的很倒楣。」

教養毛孩的過程裡，我們難免不自覺地將自己童年的成長經歷、複雜的人際關係等生命經驗，投射於對毛孩生活表現的期待。然而，人類是群居的動物，因此許多照顧者會期待毛孩也能融入團體活動，並且會因毛孩無法參與或是無法享受戶外探索，而產生自卑感及教養倦怠。

但是事實上，世間的幸福有著各式各樣的組合。我們永遠無法預知命運會帶給我們怎麼樣的相遇，所以生命的樣貌絕非體現於一種完美的框架下，而是不同的你、我，都能在生活中找到無懼的快樂。

我安慰小寧：「若試著把『餅弟怎麼做不到』這樣的想法，轉換成**『原來餅弟喜歡』**、**『我們還是可以』**，便較能在教養的沮喪中，找到更多的力量。」

在教養的過程中，除了直路之外，我們其實也可以帶著毛孩走過更多蜿蜒小徑，經歷不一樣的生命風景。

## 給予自己更多的寬容和空間

教養高敏感毛孩的過程充滿挑戰，而照顧的個中辛苦，沒有親身經歷的人實在難以體會。大部分的照顧者無法擁有太多的獨處時間，更別說能有從容、優雅的出遊時光。在混亂的生活中，就算傾注全力照顧，狗狗的情緒也依然讓人筋疲力盡。

正因如此，有時候無法當一個稱職的照顧者，甚至暫時感受不到愛的存在，這也沒有關係。**不要害怕自己做得不夠好，好好地感受沮喪和悲傷，好好地擁抱憤怒的自己，給予自己更多的寬容和空間，才能在漫長的教養馬拉松中，找到喘息的方式，也才能照顧好自己和我們所愛的毛孩。**

或許，我們和毛孩有時候更像是兩個不完美的半圓，但仍能拼湊出一種獨有的幸福模樣。

# 聲響敏感——毛孩為何那麼害怕這些聲音？

【行為獸醫師說】當毛孩退縮時，我們要做的不該是強迫牠從角落中走出來，而是以更多溫柔的幫助和等待，讓牠知道，一切都很安全。

## 「牠真的很怕打雷……」

多年前的秋日，我在醫院看診，午後的雨來得特別急，突如其來幾次震耳欲聾的雷聲，讓我的心跳怦怦怦地加速起來。沒多久，助理急跑來告訴我：「小雨點的媽媽打來說，剛剛打雷完，小雨點就在她眼前直直地倒下去，非常喘！現在要帶來急救！」

小雨點是有著一頭蓬鬆的棕色毛髮、山羊般長鬍子和一對深褐色杏眼的拉薩犬，也是我的心臟病病患。

牠的媽媽常說，許多人會將牠和西施犬搞混。以外型來看，兩者確實有些相似，然而從犬種歷史來論，基因與狼有著高度相似性的拉薩犬出身於藏族宮廷，彼時非一般人可隨意豢養，直到清末才因進貢而漸漸流出。這些被謹慎培育的拉薩犬，從某個角度來看不只是早期的玩具犬種，更是高海拔山中的一種「哨兵犬」，吠叫聲響亮，且天生具備敏銳的聽覺及視覺。

小雨點的媽媽在帶牠回診的時候，偶爾會向我提起：「李醫師，牠真的很怕打雷，每次都抖到不行。嚴重的時候，甚至會漏尿。」我總是輕鬆地告訴她：「雖然牠非常膽小，但只要平時不要有太大的壓力，應該是還好。」

雖然，小雨點對於環境中的許多聲音都非常敏感，但是很可惜地，我沒有將牠的恐懼反應當作一回事，只認為氣質膽小的牠，難免對環境中的聲音有反應。當時的我還沒有接觸動物行為學，不了解心理健康與生理健康對動物是同等的重要，只將重點放在心臟病的整體改善程度。

直到那個午後一聲聲巨大的雷鳴，才讓我從這樣錯誤的想法裡，驚醒過來——小雨

點到院後沒多久，經檢查發現牠的心臟瓣膜腱索完全斷裂，而急性肺水腫讓牠的情況非常危急。

最後那一刻，整個空間就像被按了靜音鍵，我的耳邊，只剩下牠的喘氣聲。虛弱的牠就像在岸邊擱淺的鯨魚，一陣一陣地喘不過氣來，令人非常心痛。

經過急救之後，最終，我們失去了牠……

## 「聲響敏感」是許多毛孩的夢魘

從那日開始，我經常會在雷聲裡想起小雨點，也想起最後牠沉沉地睡去，所帶給我的自責與省思。

事實上，**「聲響敏感」在犬貓行為門診中，是許多家屬關注的問題，也是許多毛孩揮之不去的夢魘。**

造成毛孩壓力的常見聲源，包括：電器運作聲、門鈴聲、打雷聲、煙火聲、鞭炮聲、打鼓聲、汽車喇叭聲及兒童的哭鬧聲等。面對這些聲音，毛孩可能會有不同程度的恐懼反應，一開始可能是喘氣、流口水、逃跑和發抖，接著可能有排便、漏尿的狀況，甚至會伴隨嘔吐、腹瀉、破壞及攻擊行為。

臨床上常見的過度恐懼反應，除了受到基因遺傳的影響之外，毛孩過去的負面經歷、早期社會化程度、外在環境、聲質特色、年紀及健康情況，也全都扮演著舉足輕重的角色。

而從演化的角度來看，動物在面對不同的聲音時，產生不同的恐懼反應，是一種重要的生存機制——聲音可能傳遞著危險的訊息，而對聲源準確地定位及付諸行動，使動物能在野外獲得更多安全和更高的生存率。因此，適度的恐懼反應並非是一種全然的異常。

不過需要特別注意的是，**頻繁或強度過大的聲源容易使動物越來越焦慮，並可能無法從恐懼行為中完全恢復**。長期下來，不但可能會產生某種程度的障礙症，還會直接影響到毛孩的健康與福利。

以打雷聲來說，閃電通過造成空氣急速膨脹而產生的高強度聲波，不僅帶有聽覺的刺激，更伴隨了複合性的視覺刺激，會讓對於聲響敏感的毛孩很難適應，因而產生強

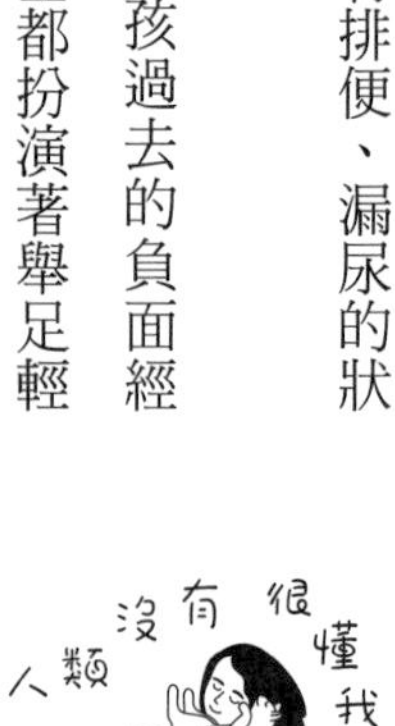

度較高的恐懼行為。

面對這種情況，我們可以積極地為牠們建立一個降噪的安全基地，並透過降低焦慮的藥物輔助及正向獎勵的方式，配合漸進式的接觸，降低對特定聲音的敏感度，更有效地幫助困在恐懼泡泡裡的毛孩，找到讓自己平靜的飛航模式。

更重要的是當毛孩退縮時，我們要做的不該是強迫牠從角落中走出來，而是以更多溫柔的幫助和等待，讓牠知道，一切都很安全。

## 聲響恐懼是「分離相關行為」的常見共病

另一隻病患米克斯犬奇奇，也是因為恐懼雷聲而被主人帶到我的行為門診。

其實主人已為奇奇做出許多努力，像是從幼犬時期開始，就讓牠接受各種社會化的訓練與課程，並積極地引導牠去接觸這個世界。然而，奇奇從四歲開始展現出高強度的恐懼行為，並且嚴重影響到主人的生活。

「牠每次只要聽到雷聲，就來咬我！而且還會破壞家裡的物品，像沙發、木門、餐桌，甚至連我的衣櫃也變得破破爛爛，好像一整個屋子都是廢棄家具。」主人無奈地說。

聲響恐懼不僅是動物許多攻擊行為的原因，也是分離相關行為的常見共病。因此，當毛孩因為聲音而產生高強度的負面行為時，我們往往不只需要關注眼前的問題行為，還要更審慎地去思考各種行為的關聯與背後的動機，才能真正地幫助毛孩面對眼前的困難。

實際到訪奇奇家，我發現離住家不遠處有一個公車總站，牠對於裡頭車輛的一舉一動十分在意。從主人所提供的監視器影片中，也可以發現牠一整天都守在窗戶旁，對著公車停靠時發出的嗶嗶聲不斷地吠叫，隨後便開始破壞家具。

值得注意的是，**這樣的行為當主人在家時並不明顯，所以主人才從來沒有想過，奇奇其實存在著分離相關的焦慮行為。**

我除了建議優化環境的降噪功能之外，也建議藉由霧化玻璃的視覺隔離、柔和的白噪音，配合減敏訓練及藥物，緩和奇奇的焦慮行為。這樣的過程，就像是幫助家屬與毛孩在問題行為及生活的蹺蹺板中，慢慢取得平衡。

## 牠的脆弱，需要你的支持與理解

面對毛孩的聲響敏感，並沒有快速的解決方式。因為處於焦慮或恐慌情緒的動物通常都很脆弱，也亟需家人的支持與理解。有時候，帶毛孩直接遠離刺激或許是更好的方法。這就好比如果一個人怕蟑螂，也並不是非得學著和蟑螂共處，才是正常的表現。

**若我們能時時換位思考，便更能貼近毛孩眼裡的世界。**

# 碰觸敏感——毛孩為什麼發瘋似的攻擊人？

【行為獸醫師說】無論是大人或小孩，我們都應該理解不要任意撫摸、碰觸，甚至擁抱動物，要給予動物「身體的自主權」。

## 面對敏感的動物，留給牠更多的緩衝空間

在我接觸行為醫學之前，有十幾年的時光，只需要以內科醫師的角度思考就算完成工作。然而回首過去，總有許多遺憾，其中一段回憶的主角就是「眉毛」。

眉毛是隻身材壯碩的鬆獅犬，在家算是老么，上面還有對牠疼愛有加的人類哥哥小軒。大部分的時間，牠都跟著家人上班和下班，到了夜晚，則獨自待在半室外的車庫空間裡，生活非常規律。牠對家人充滿熱情，對外則是鄰居口中的盡責好警衛，因為牠不容陌生人靠近，一丁點都不行。

牠是因心臟問題而來就醫。我倆的初次見面算是非常平和，由於右心疾病造成嚴重的腹水，牠想必是很不舒服，才動也不動地讓我順利抽出大量的積液。但是那並非常態，眉毛極度排斥被碰觸，更別說把肥滋滋的肚皮露出，被陌生人扎上一針了。

**面對敏感的動物，我們必須非常清楚一件事，那就是醫療行為及醫療人員都有可能是極大的壓力源。**正因如此，我一開始都會和毛孩保持距離，不刻意或過度地熱情招呼，以留給牠們內心更多的緩衝。在準備好安全防護的前提之下，讓家屬在毛孩身旁給予陪伴和鼓勵，或搭配美味的零食，為牠留下較好的看診經驗。

藉由這樣的獎勵方式，我和眉毛漸漸地有了默契。無論是抽血或影像檢查，牠總呆萌地看著我，穩定配合。雖然偶爾牠還是會小聲地抗議，但總能安全過關。

## 攻擊行為通常是負面情緒的表現

然而，一場可怕的意外發生了：眉毛咬了鄰居小孩，造成小孩手臂的嚴重撕裂傷！那天，家人帶眉毛外出散步，在路上遇見小男孩，牠轉過頭去沒搭理，準備走開。就在這時，小男孩稚嫩的手抓了牠一把，這可踩到了眉毛的底線，又或者說等同於直接向牠宣戰。但是男孩嚴重的傷勢讓情況變得混亂，眉毛無法為自己辯駁什麼。

所有的動物都可能表現出攻擊行為。但事實上，**動物通常不會閒來無事就發動攻擊，因為這樣既傷身又傷心，毫無好處。**從漫長的演化過程來看，戰鬥能力對於在野外生存是至關重要的，不然會被淘汰。因此，攻擊行為並不是一種疾病，而通常是負面情緒的表現，除了反映出動物對環境的不安之外，也帶有許多不同的動機。

面對恐懼的逼近，動物發生攻擊的行為其實屢見不鮮，包括日常的互動過程中，就可見到狗狗面對威脅時，會先將耳朵下壓、全身僵著不動，伴隨著瞳孔放大、喘氣、心跳加速，一旦被逼到極點，就可能向前威嚇，甚至發動攻擊。

其實，動物一開始會避免衝突，並用肢體語言表達想離開、躲避的欲望，但若無處可逃，恐懼的情緒將持續蔓延，接下來能選擇的回應方法真的不多。隨著時間過去，長期身處於壓力之下的動物，就可能越來越敏感，甚至草木皆兵。

## 基因或品種，不能論定一切

「鄰居們一直說像眉毛這種鬆獅犬，聽說通常都比較凶，才會這樣亂發瘋咬人，是這樣嗎？……」帶眉毛來回診時，小軒心痛地問我。

面對鄰居的質疑，家人也開始失了信心。他的父母向鄰居表示會將眉毛關起來，讓牠好好反省。因此除了到醫院之外，眉毛都被鎖在一個小小的鐵籠內，整日狂吠不已，非常激動，讓誰都不敢靠近牠。

許多基因遺傳的研究裡，已發現和行為傾向相關的基因位點，並認為基因對行為的確有一定程度的影響。但是，從基因到行為的發展是極度複雜的過程，還有許多神經生理機制參與其中，並受到外在壓力和健康與否的影響，產生不同程度的改變。因此，基因遺傳和後天環境的交互作用就像一片豐富的沃土，一起孕育著生命的無限可能，以至於我們與自己的兄弟姊妹，個性也並非完全一樣。

換句話說，基因的確會影響動物的攻擊傾向。但單靠基因或品種來斷言狗狗日後的行為模式，並非完全可靠。

## 狗狗沒有太多方法能選擇

在一個月後的某天，小軒崩潰地告訴我：「眉毛昨天被我爸帶去安樂……」

「什麼？被安樂?!」我拉高音量，腦子一片空白。

小軒的父母最後還是決定結束眉毛的生命，以示對鄰居負責。他難過得和家裡大吵一架，離家出走。

關於眉毛的攻擊事件，問題的最大癥結點，其實得回歸到「尊重動物的身體界線」這個觀念。

先讓我們來想想：若是今天有個陌生人經過時，突然摸你的屁股一把，你肯定會感到不舒服的。接著，我們可能有幾種處理方式，像是驚嚇到大哭、大叫一聲、生氣地與對方理論、向店家調閱監視器、用手機反拍存證、報警求援、向身旁的人尋求支持，或甚至上網寫文章。

但是，人類期待狗狗有哪些處理方式呢？狗狗其實沒有太多選擇。所以**無論是大人或小孩，我們都應該理解不要任意去撫摸、碰觸，甚至擁抱動物，要給予動物身體的自主權。**

從國外的統計可以發現，小於五歲的男孩或介於九到十二歲的兒童，最容易被狗狗攻擊。對照老一輩的人常常說的「三歲豬狗嫌」，其實還真的有些道理，因為這個階段的孩子，多半是以「自我中心」為導向來與環境互動，無法完全理解他人的感受，更無法識別狗狗的情緒與身體語言。

對孩子來說，他們渴求的是滿足自己的遊戲需求與探索欲望，所以更關注和執著自己「想要的」方式，像是：摸、扯、拉、打擊、丟、砸等動作。因此，常看到許多孩子會追趕狗狗、直接伸手抓住狗狗的尾巴，甚至是用力拉扯牠們的鬍鬚，這樣直接侵入**動物安全底線**的行為，都可能造成小孩被攻擊的高風險。

此外更容易被忽略的是，孩子會因為受挫、得不到想要的，而突然暴哭，藉以尋求大人的關注與幫助。而這樣的聲量，常常會引起許多動物的緊張與負面情緒。因此我經常會提醒自己的孩子，在動物面前要學習控制音量與動作，這樣不厭其煩的提醒，也是一個非常重要的學習過程。

我通常會建議家屬，讓孩子從小學習與動物相處雖然是好事，但是絕對不要秉持著「不打不相識」的信念來進行，而是理解動物得「先有社交力，才能談社交」。替孩子選擇熟悉、友善、健康且自信的毛孩來互動，才能讓雙方都留下較好的經驗與印象。最重要的是，大部分的毛孩都無法和小孩相處太久，要以短時間、低強度為前提，並透過正確的遊戲方式，配合完善的安全考量，在尊重動物身體界線的範圍下，由家長監督來進行互動，才是較好的安排。

## 如果能再給牠一個機會……

我真的很希望能回到那時候，給小軒一家人更多建議，只可惜當時我只是按部就班地診斷、開藥，卻不知道一家人已陷入崩潰的危機中。

如果是現在，我必定會好好地花時間，讓他們理解眉毛的恐懼情緒和原因，並針對環境及安全管理同時著手，在幫助眉毛從禁閉的黑暗裡走出來的同時，也讓一家人得到心理上的支持，擁抱正常的生活。

另一方面，面對眉毛盤根錯節的恐懼與突然被禁閉的挫折，可先藉由居家或車庫空間的重新規劃，代替狹小的鐵籠，藉此優化隔離空間。接著，透過行為身心藥物，穩定牠的情緒困境，慢慢收斂起無邊無際的不安。

這樣的過程，除了可以**平靜動物的情緒**之外，還能**幫助全家人度過沮喪期**、**找回失落的信心與關係，因為這往往才是最重要的課題。**

我相信過去在診間能學習適應醫療步驟的眉毛，還是有機會在情緒的浪潮過後，慢慢地回到原來的生活步調。

像這樣的毛孩，永遠值得一個機會。

# 三、每隻毛孩都不一樣

# 幼仔報到——你們一家過得還好嗎？

【行為獸醫師說】提醒自己：每隻毛孩都不一樣。當我們練習更廣角地看毛孩，也能幫助自己放下一些執著與期待，照顧我們自己的內在情緒和壓力。

## 「牠好煩，我真的很想退貨！」

也許是因為新冠疫情後帶來的改變，人與人的疏離感漸漸增加，這幾年來，擁有伴侶動物的家庭明顯地比以往更多，動物醫院也出現了許多新面孔。與慢性病毛孩的家

屬不同，這些家屬的神情總是輕鬆、愉快，手提著剛購入的外出籠，帶著新成員來打基礎疫苗及做健康檢查。

但這日，初診的兩位家屬提著透明膠囊般的外出籠，卻是面露不悅地進入診間。往裡頭一看，一隻手掌大小、灰白藍眼的純種貓呆呆地坐著，圓滾滾的眼睛盯著我，非常惹人憐愛。

女主人敘述完驅蟲的需求後，不耐地說：「醫師，牠真的好吵，而且太好動了！有沒有什麼藥能讓牠安靜一點？我買了很多養貓的書啊，怎麼看都沒有用。我另外一隻貓就很乖，超級像天使的，都不會叫。我真的很想退貨！」

我看了一眼病歷，發現貓咪的名字欄位是空白的，於是說：「好的，我了解你們的煩惱。但我該怎麼稱呼小貓呢？你們替牠取名字了嗎？」

一聽我詢問，女主人聲量略微提高地回應：「我們不想取名字啦，牠好煩！妳幫我取名字好不好？」

那日，我並沒有直接回應取名字的需求，而是反過來花了不算短的時間，幫助他們理解幼貓的需求、降低對幼貓的期待，並教導他們如何幫助貓咪度過幼年時期。

## 出生後的第一年，是重要的行為態度形成期

在行為教育裡，有一個非常關鍵的介入時間點，就是幼年動物的「基礎疫苗門診」。因為若動物能在有生以來的初次就診中，與醫護人員建立良好的互動，並留下愉快、無壓力的好印象，對日後的看診會產生莫大的幫助。

另一方面，許多人不知該如何著手照顧幼年動物，便會使用像是限制活動、懲罰等方式教導動物，反倒讓情況變得越加嚴重。若等到行為出問題才尋求專業協助，這時不但改善的效果有限，還會錯失動物的黃金學習期。

以犬、貓來說，出生後的第一年是重要的行為態度形成期。雖然個體的氣質、遺傳、父母的氣質和孕期環境，也與毛孩日後行為息息相關，但是，從出生後到成年期之間的「關鍵敏感期」與「青春期」，對牠們的學習十分重要。

## 關鍵敏感期

**幼犬、幼貓在八到十二週齡以前的「關鍵敏感期」，由於神經系統對於外界刺激相當敏感，牠們會一邊慢慢地理解各種情緒和感受，一邊竭盡所能地探索周邊的環境。**

因此，在野外的動物若在這段時期提早離開母親，或是沒有任何社會化的機會，將會對牠們的生存能力產生巨大的影響。

然而，對於伴侶動物來說，關鍵敏感期的社會化學習目的，其實更加多元且複雜。除了要學習接受同類或其他物種的接觸外，還得融入人類的社會環境，當個稱職的人類同居室友。

以貓咪為例，出生後的八週，是幼貓個體氣質差異開始展現的時候。這段期間的前後，幼貓會開始出現不同的社交性遊戲，並且對同胎幼貓表現出跟蹤、追逐、打鬧、躲貓貓遊戲等動作。而這些社交性和躲藏的行為，其實正是刺激幼貓社會行為與捕食能力的一個重要過程。

雖然這段時期的幼貓仍是十分天真的，但是，在視覺及嗅覺發展完成之後，母貓便會教導小貓對獵物做出攻擊或防禦性的行為，以便讓牠們更早擁有獨立生活的能力。倘若貓咪在這段時期提早離開母貓、沒有充分體驗各種環境和對象，便容易在未來產生恐懼、不安的負面情緒。

因此，在關鍵敏感期提供適當的居家環境資源，讓幼貓在無恐懼的情緒下，漸進地接觸各種新事物，並熟悉與人類的相處和互動，才較能培養出友好、自信的貓咪。

## 青春期

至於**「青春期」的毛孩們則因神經系統仍在建構中，加上荷爾蒙浮動的影響，就好似一輛沒有配備煞車系統的跑車。**牠們不但精力旺盛、調皮而不受控、亂咬亂抓、無預警地亂叫，甚至還會在公園裡亂跑，叫都叫不回來，完全活在自我的世界裡，令不少主人崩潰，甚至產生送養的想法。

從生存的角度來看，在野外的青春期動物因為缺乏社會地位及自我保衛的能力，經常是掠食者的頭號目標。因此牠們在性成熟的過程中，必須不斷地經由冒險而累積更多的生命經驗，以便能產生自我保護的能力。

若能理解並提供動物恰當的環境、給予相應的運動和身心刺激，以正面、積極的溫和態度，看待動物的成長與不完美，會發現牠們看似調皮搗蛋的行為，其實是一種美妙的生命節奏，在優雅慢板前的一種熱情、奔放的生命力。

## 「你們過得還好嗎？」

我們必須認知到，世間本來就沒有一套固定的準則能適用於每一隻動物。就如同人類一般，**動物也有天生的個體氣質，特別是有品種的動物，有屬於牠們與生俱來的本能，會真切地反映在和人類一起相處的家庭生活中**。

比如說：身為牧羊犬家族一員的邊境牧羊犬，一開始育種的目標就是協助牧羊人工作，牠們的主要任務是找出落單的羊隻、追趕羊群、以吠叫管理羊群的移動。因此，牠們對工作可說是非常熱情，對於突出且快速移動的物體也容易陷入執著情緒，除了「深情注視」之外，可能還會激動地吠叫、追逐。

這種天性若沒有被主人理解或引導，邊境牧羊犬便會像是失業的工作狂，除了產生心理上的焦慮和沮喪，甚至會展開瘋狂追逐、攻擊等行為問題。

然而，也並非每一隻牧羊犬的個性都是相同的。換句話說，品種可以為我們提供許多參考，但每一個毛孩的差異始終是存在的。

其實這也和人類養育小孩的過程非常類似。每個孩子都不一樣，我們無法照著書本養育，但是吸取他人的經驗與知識，有時候可以提醒自己，用更廣角的鏡頭閱讀眼前的風景，也讓自己放下一些執著與期待，照顧我們自己的內在情緒和壓力。

所以在基礎疫苗門診，我經常會問家屬一個問題：

**「你們過得還好嗎？」**

我會比平時更加察言觀色，一方面想從與家屬的簡短談話裡，了解他們能否理解眼前毛孩的需求；另一方面，我想弄清楚眼前的毛孩被賦予怎樣的期待。若能適時給予這一家人協助，讓他們以正面且適當的方法認識彼此，不但能大大降低毛孩長大之後的行為問題，也能降低棄養率。

## 度過磨合期，
## 小貓終於有了名字

後來，灰白藍眼貓又因為腹瀉的原因回診了幾次，情況逐日改善，但女主人仍不斷地希望我替小貓取名字。我想來想去想破頭，突然靈光一現——前幾年我經常飛往新加坡探望外派工作的先生，如今非常思念新加坡的美食，於是我想到一個滿意的名字！

最後一次回診時，我開心地告訴他們：「我想到名字了，就叫肉骨茶吧！」

一片靜默後，他們面露尷尬地回答我：「李醫師，那我們還是叫牠綠茶吧。」

# 母與子——「新手父母」如何度過慌亂？

【行為獸醫師說】從貓媽媽生產、斷奶到幼貓的口腔期，了解背後的緣由，便能減少手足無措的忙亂。

## 「撿了一隻母貓，居然奉送四隻小貓！」

氣溫回暖的一日，我和好友小語見面。她是個不折不扣的柴犬控，最常和我聊的就是狗，沒想到這次是談貓——在她父親因癌症離世的半年後，她們家門口出現一隻瘦小的玳瑁貓，原本傷心憔悴的她，說起貓咪卻一臉暖意。

「那天晚上我姊看到貓，隨興地喊了聲『咪咪～』，沒想到牠就翻肚示好……」說起這件事情，她除了無奈，還帶些自嘲，因為在姊姊的善心之下，母女三人就這麼一步步地踏進貓奴的生活裡，連她這個柴犬控也陷進去。

她指著手機裡的照片，聲量提高：「隔天，我姊就帶牠去獸醫院看診。妳看，能想像嗎？這隻兩公斤的貓，肚子裡居然有四隻小貓！又不能把牠丟回去。」就是這樣滿滿的同理心，讓她們接受了這份「買一送四」的大禮，並將詐騙首腦玳瑁母貓喚作「麵茶」。然而，定居這個家不到兩個星期，麵茶突然躲進倉庫深處，接著生下小貓。

「起初是我媽發現的，把牠抓出來，牠就很不安地一直抓毯子，那天就生了兩橘、一黑和一虎斑。想想，我們好像總是被動地等麵茶出招，再想著該怎麼接招，所以常常都手忙腳亂的。」

與人類同屬於哺乳類的貓科動物從懷孕到分娩，也會經歷子宮頸擴張、強烈收縮及胎盤排出這三個階段。

在初期，多數的母貓可能像麵茶一樣，除了焦慮、不安，也會來回舔舐乳頭，或是清理從陰道流出的透明黏液。還有一些貓會在這個時候，明顯地食欲減低、張口呼吸，或發出規律的呼嚕聲，進入倒數的待產模式。

隨著子宮收縮的強度增強，母貓會越來越疼痛，伴隨著腹部強烈收縮，接下來的兩到六個小時內，小貓就可能陸續地到來。最後，母貓會自行咬斷小貓的臍帶，清理胎盤後食入，準備開始護理小貓。

儘管過程中似乎沒有人類幫得上忙的地方，但是在分娩過程中，如果發現母貓不斷哭叫、用力過久，便要小心有難產的危機。大致上，只要給予母貓一個隱密的空間，不隨意碰觸剛出生的小貓，減少人為氣味的干擾，就能簡單地建立起一個貓友善的生產環境。

## 在家裡，如何協助貓咪斷奶？

小貓們一個多月大時，小語又約我見面，這回卻臉色慘白，比她父親過世時還憔悴。

「小羊，我昨天跟麵茶吵架。我快氣死了！牠居然又偷跑去餵奶，我都跟牠說了，

小朋友喝牠的奶會全部死翹翹！」

原來這段期間，麵茶的呼吸道病毒反覆發作，症狀嚴重，為了不讓小貓被傳染，小語想盡辦法要讓牠斷奶。然而被隔離的麵茶一有機會就竄逃，還來回喵喵叫，一直想找回孩子。思念的慌亂令麵茶的乳腺越發腫脹，硬如石頭，想必又痛又難受。

其實從動物行為學來看，斷奶對母貓和幼貓來說都是一段重要的過程。以母貓而言，學習拒絕已開始長牙的小貓吸吮，才能好好地恢復健康，防止乳頭受傷。對幼貓而言，成長的起點則由此展開，除了學習被媽媽拒絕的挫折外，也促使牠們主動找尋食物，生存下來。

在野外，小貓出生後的第四週，母貓便會試著將獵物帶回巢內，鼓勵小貓認識、鍛鍊狩獵技巧。這是牠們能否獨立的初階門檻，也是練習咀嚼食物的關鍵。

那麼在居家環境裡，我們可以如何協助貓咪斷奶呢？

首先必須明白，斷奶帶來的是對於「安全感」及「口腔需求」的雙重打擊，除了會使幼貓焦慮，還可能導致未來產生異食行為。所以一般來說，比起某天突然將兩邊分開，更適合的做法是**提供母貓在高處休息的隱蔽處，同時給予小貓轉食階段的軟質食**

**物，協助雙方的不安獲得緩衝，漸進式地達成目標。**

不過，這個做法顯然並不適合麵茶。在感染的特殊考量之下，我建議小語先將隔離房下的門縫塞緊、塞滿，減少對麵茶聽覺及嗅覺的刺激。接著，給予牠一些費洛蒙噴劑、抗焦慮及止痛藥物，搭配上低蛋白食物的輔助，幫助牠度過這段隔離期的焦躁，也緩和乳腺的腫脹和不適。

此外，我也請小語採買一些美味的罐頭與食物，在互動玩樂後，鼓勵飢餓的小貓們開心進食。

## 小貓吃貓砂，吃到送醫院！

斷奶問題好不容易告一段落，讓小語更頭痛的事又發生了。

某天，小虎斑貓居然一頭栽進貓砂裡大吃特吃；沒過幾天，小橘貓竟也跟著吃起貓砂。最後兩隻貓因為食入過量的貓砂，雙雙進了醫院。

描述這件事情時，小語滿是無奈。然而，儘管撫育過程不平順，她的眼神卻盡是愛。

## 小貓為什麼會想吃貓砂？是因為肚子太餓嗎？

在小貓的發育過程裡，行為和身體的成熟度猶如階梯式發展，要一同並行而上。因此，如果這時出現吃貓砂的行為，首先要確認小貓的健康及營養需求，再來審視貓砂盆的環境是否合適。

雖然貓科動物有著與生俱來的排尿機制，當牠們將前爪伸入土壤時，可以產生刺激而讓膀胱順利排尿，但是如果提供的貓砂不夠、太淺，或是貓砂顆粒過大，便會造成小貓們排尿的困難，或產生異常的使用狀況。

另一方面，小貓通常會觀察並學習母貓的行為，所以如果母貓有異食貓砂的行為，那麼小貓也可能會模仿母貓。換句話說，**除了好奇心之外，小貓吃貓砂的行為也可能是因為學習，或是被貓砂的質地、口感和香味所吸引。**

我建議小語先將貓砂替換成無香味、類似天然質地的貓砂，同時確保小貓的飲水足夠及食物選擇豐富，這樣可以減少小貓因探索而誤食貓砂的可能性。

最後，以幼年動物的牙齒發育階段來看，通常在出生後的前六個月會出現「口腔期」的常見行為。這時候，小貓們會透過咬、磨牙、舔等動作來探索周圍的環境。因此，主人的教導和幫助小貓們轉移注意力，也是非常關鍵的引導與學習。可以準備一些適合小貓抓、咬及玩耍的玩具來與小貓互動，對於食入貓砂的狀況通常能有明顯的改善。

## 最甜蜜的負擔

過了一陣子後，小語終於不再煩惱小貓們的行為，貓奴生活開始變得輕鬆又愉快。

我問她如果可以讓時光倒轉，她們還會不會收留麵茶？

「假如再重來一次，我們還是會再撿牠啦！這真是甜蜜的負擔，哈哈哈！」

滑開手機裡的貓照片，小語的臉龐滿溢著幸福。她自己沒察覺的是從養貓開始，她整個人變得越來越柔軟。

看著她，我忽然想著，或許麵茶是她父親送來的禮物。

# 攻擊行為——刺激毛孩攻擊的「引爆點」是什麼？

【行為獸醫師說】毛孩的「轉向攻擊」，實質上是一種因挫敗而造成的「遷怒」，也是一種在錯的時間、遇到錯誤對象的巧合。

## 「像這樣的攻擊，還會不會再發生？」

冬夜裡的台北，巷弄冷清。我走進咖啡店後四處張望，看見坐在角落的杏子，才坐下便注意到她被厚實網狀繃帶包起來的左手。幾天前，她被自己的貓咬傷，進了急診室。

杏子隻身從京都來台灣念書，出於思念，一個月前將愛貓紅豆接來台灣。沒想到紅豆並不適應，除了整天縮在窄小的窩裡，不肯踏出半步之外，胃口更是越來越差，連給牠吃最愛的肉泥也不買帳。見著這狀況，杏子立即帶牠去檢查，卻未發現任何問題。

那天，遠處傳來的鞭炮聲讓紅豆緊張地跑出小窩，不停地來回查看。杏子深怕牠被嚇到，熟稔地抱起牠，沒想到立即遭到一陣激烈的啃咬，情急之下，她揮舞手腳想擺開攻擊，但是完全沒有用。接著她隨手抓起椅子想擋著，紅豆卻發狂似的跳上去，繼續攻擊……長達三分鐘的時間，杏子在家裡不停地逃竄，活像個獵物。好不容易摸到手機，她抓起來奮力往陽台衝，「砰」一聲將紅豆甩在門的另一邊，躲在陽台上的她趕緊打手機求救。

聽著杏子驚魂未定的傾訴，我將暖暖包塞進她手心，希望給她一點溫暖。

面對愛貓突如其來的攻擊行為，這幾日，她是怎麼過的？

她帶著淚說那晚離開急診室後，在同學的陪同下，她才敢再次踏進家門。而紅豆則是躲在小窩裡，久久不敢出來。

「像這樣的攻擊，還會不會再發生？」杏子問我。

「這要看動機的『引爆點』是否已經消失……」我說明，面對紅豆這樣的攻擊行

為，找出行為的「動機」，往往才能更貼近事件的全貌。

## 因極度恐懼，而主動出擊

以貓咪攻擊人類的行為來說，常見的動機，除了恐懼、挫折、疼痛、轉向攻擊、母性本能等負面情緒外，因為玩樂而產生的攻擊也在其中。

一般而言，貓咪並不好戰，由於體型嬌小的弱勢，所以牠們會避免與人類發生正面衝突，並且會利用一些防禦型的身體語言，來作為一種拉遠距離的「勿擾」警告，像是：將背拱起來蹲伏著、耳朵壓平、將尾巴緊緊地夾在雙腿間，然後發出嘶嘶聲或尖叫聲，並伴隨著瞳孔放大、呼吸加快等生理改變。

但若威脅持續接近，就算凍著不動還是無法逃脫，貓咪就可能因為極度的恐懼情緒而化被動為主動，將身體姿態拉高、盯緊目標，重重揮拳，或是狠狠地咬上一口。

另一種常見的攻擊動機，就是因人類「過度撫摸」而導致貓咪感到不耐。通常若撫摸時間過長，貓咪會用力拍打尾巴、起身，然後咬、抓人類的手。這類攻擊行為多起於人、貓之間對互動的**期待差距**。

大部分的貓咪比較喜歡短時間、低強度的高頻互動，也就是說，主人長時間的撫摸、拍屁股，不但不是享受，反而讓牠們產生一種矛盾感。而這種想要互動、又想要回身體自主權的衝突情緒，便讓許多主人抓不著與愛貓的互動方式。

簡單來說，要避免這樣的攻擊行為，除了要留意互動的時間長度外，還需觀察貓咪的身體語言。因此，**當貓咪長長的尾巴開始用力拍打時，立即停止撫摸，並配上愉悅的稱讚，較可以找到雙方的平衡點。**

## 首要的除了安全，還是安全

「不知道我哪裡出錯了，是抱的方式讓牠痛苦嗎？我是這樣抱的……」杏子站起來，笨拙地比手畫腳。

我告訴杏子，以紅豆的情況看來，正值壯年的牠雖然健康狀況良好，但是面對壓力

的能力，早已因轉換環境的恐懼而超出負荷。這樣的貓咪，通常在初期會表現出一定程度的社交迴避，以穩住瞬間流失的大量安全感。但是那陣陣鞭炮聲炸醒了牠的焦慮警報——在無法移除噪音的挫折下，被杏子抱起的那一刻，就這麼引爆牠一連串的「轉向攻擊」。

真要說起來，「轉向攻擊」實質上就是一種因挫敗而造成的「遷怒」，也是一種在錯的時間、遇到錯誤對象的巧合。

攻擊之前，貓咪可能會有焦躁不安、踱步、凝視、用力甩尾、瞳孔放大、低吼的行為表現。在這種情況下，貓咪不但可能會以強烈的力道攻擊，還會展開瘋狂追逐，不善罷甘休。只要親身經歷過的人都可能產生內心的強烈衝擊，除了感覺恐懼與對愛貓感到陌生之外，還可能交織著悲傷和自責的複雜情緒，非常需要身邊親友的支持。

事實上更要注意的是，通常在衝突發生後，貓咪可能會先選擇躲起來舔毛、抓頭，並藉由這些轉移行為，讓自己高漲的情緒壓力慢慢降下來。但是也有一些貓咪在情緒地雷爆炸之後，久久不能自已，得花好幾個小時、甚至幾日的時間才能稍加平復。

因此，像紅豆這樣嚴重的攻擊行為，最保險的方法還是要讓貓咪休息一晚，隔日在有安全防護及他人的陪同下，再返回查看。

我常常提醒家屬，首要記住的除了安全，還是安全。**這面安全網，涵蓋了整個家庭的心理支持、動物的情緒，還有獸醫師與動物的接觸。**例如為了避免刺激動物，我通常只做有限且低調的觀察，或透過視訊、對話進行評估，因為無論對人或動物來說，「憾事不再重演」都是一種極重要的溫柔防護。

談話的最後，我建議杏子給予紅豆一些情緒舒緩藥物、增加安全感的費洛蒙或一般貓咪較喜歡的毛絨被毯，幫助牠在新環境裡好好放鬆。在居家環境上，我亦建議修改紅豆的生活動線，為牠騰出一些隱密又方便的安全空間，也讓牠可以好好地在窗邊看風景。

另外，為了防止噪音帶來的刺激，我建議杏子挑選一些貓咪較能接受的輕音樂，像是柔美、慵懶的音樂或是混合自然白噪音的流水聲，然後將防噪貼條和隔音板加裝在門、窗的四周，做最優化的防護。

## 讓不安被抹平

一個月不到，紅豆的情況越來越好，開始自得其樂地跑跑跳跳，顯得比從前更有活力，杏子著實放心不少。

半年後，我們試著慢慢停藥。直到現在，紅豆已非常適應在台灣的生活了。

杏子說台灣有種魔力，彷彿一切的不安終究能漸漸地被抹平。無法生育的她在家鄉遭受各方壓力，總得故作堅強，讓她感到非常憂鬱。然而踏上這塊土地後，雖然語言不通，但她感覺和周圍之間沒有界線，因為台灣人常常對她說：「哎喲，有什麼關係啦！」

杏子感慨地說，原來自由就在眼前。

# 騎乘行為——毛孩都結紮了，為何還會騎乘磨蹭？

【行為獸醫師說】混亂的教養方式，不但讓毛孩不知所措，也隨機強化了行為，反倒讓騎乘行為比過去更加頻繁。

## 「你要狗？還是要我？」

診間裡，我翻著病歷，驚覺眼前這隻混種㹴犬的名字好特別——「長官」。注意到牠的皮膚上布滿不知名的小白點，我疑惑地向主人小杰問起。

小杰沉甸甸地嘆氣：「這些都是被香菸燙出來的疤。那時我在當兵，休假外出時，

常經過一個很像廢墟的院子，都會聽到狗哭的聲音。退伍前想說還是進去看看好了，結果發現了長官。也不知道牠是被誰鍊在那，裡面大概兩個車位的空間，滿地都是香菸，應該都是拿來燙牠的。救牠出來之後，前後花了一年多才好。」

小杰退伍後，和昔日同窗分租房子，幾個大男生共同扛起照顧長官的責任，儘管大部分的時間各忙各的，但長官非常懂得適應，乖巧又聽話。小杰彷彿從牠身上看到自己的影子，同樣對人熱情又衝動，但也能獨處。

「不過我現在比較頭痛的不是這個皮膚，是牠一直亂騎我們的腿，講也講不聽！害我女朋友一直找我吵架。」

小杰遇到了論及婚嫁的對象，無奈女友不喜歡長官，甚至提議要他的室友收養，使小杰陷入兩難。

女友抱怨長官一日多次騎乘抱枕的行為，不但使她感到非常尷尬，客廳的沙發和抱枕上滿是髒汙、狗毛，讓她不敢請朋友到家裡。她也不喜歡長官抱著人類大腿尋求關注的激烈動作，造成她的腿部有多處紅腫抓痕，所以指責小杰根本是長官的「小弟」，讓狗狗在家作威作福。

莫可奈何之下，小杰帶長官去結紮，並依循網友和書本的建議，有一搭沒一搭地幫長官特訓，像是用玩具幫助牠分心，或是利用獎勵的方式鼓勵牠完成其他指令，以減少騎乘行為。

然而過了兩個月的努力，情況未見改善。女友下達最後通牒：「你要牠？還是要我？」小杰才正視眼前的困境，毅然決然地尋求專業協助，帶長官來看診。

## 「騎乘行為」的原因，狗狗與貓咪不同

「騎乘行為」可能代表著狗狗的高度興奮，也可能只是一種正常的生理行為。除了枕頭之外，我們還可能看到狗狗在另一隻狗背後、人的腿上、肩膀上、絨毛玩具，或是任何高度適合的物品上進行騎乘。

雖然大部分的家屬都期待結紮後，這種行為會減少，但**高達四分之三的狗狗在結紮後，仍持續保留這樣的行為。**

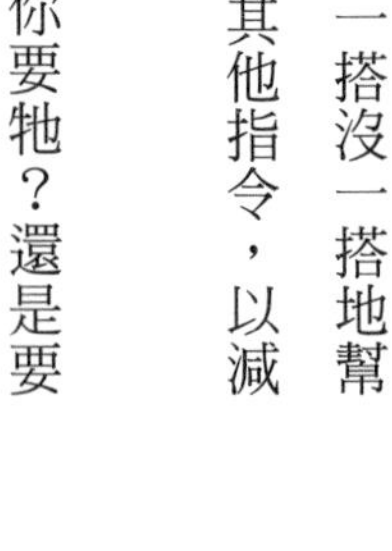

實際上，騎乘行為是犬科動物與生俱來的一種固有行為模式。因此，這樣的行為並不代表狗狗對人類的支配和控制，也並非專屬於公狗、幼犬或是報復的行為。更確切地說，這其實是一種可由特定事件觸發的動作，除了生病、焦慮及強迫行為之外，狗狗在興奮、釋放精力、挫折、玩樂，甚至是疲憊時，都有可能展現出騎乘行為。

反觀，在貓星人的世界裡，騎乘行為的原因則略有不同。相較於狗狗，貓咪多半需要更多的安全感及個體空間。除了性需求與健康問題外，壓力、焦慮和領域行為，通常才是引發貓咪騎乘行為的主因。

在臨床上，我經常聽到家屬敘述家中原本相處融洽的兩隻貓，在成年後才出現騎乘行為，並偶爾出現追逐、攻擊等問題，讓主人實在摸不著頭緒。其實這樣的表現，往往與貓咪對領域和資源的渴求息息相關。因此，停下來**仔細地審視環境及貓咪的安全感需求，通常能大量改善騎乘的行為。**

## 保持一致的教養態度

在斷定騎乘行為是否異常之前，我會建議先排除所有潛在的不適因素，包括常見的內分泌疾病、感染、前列腺疾病及泌尿道問題等等。此外，由於某些公狗的騎乘可能伴隨舔舐及啃咬生殖器的行為，造成皮膚紅腫、發炎，因此排除相關的皮膚問題也是非常重要的。

在確定長官的健康無虞之後，我要求小杰拍攝影片，並記錄下行為日記，以深入了解長官的居家日常，為騎乘行為提供更多的重要線索。

兩週後，事情有了進展：我發現長官的騎乘行為，實際上是長期被強化後的結果。身為熱愛與人類互動的㹴犬，牠很快就發現只要表現出這種行為，便能夠**引起人類的注意**。更糟糕的是，**室友們的態度並不一致**，有人甚至會在長官騎乘完畢之後，給予零食作為獎勵。加上小杰不定期地進行訓練，並交替使用忽略法及懲罰，這種**混亂的教養方式**不但讓狗狗不知所措，也隨機強化了行為，反倒讓騎乘行為比過去更加頻繁。

我向小杰解釋「教養態度」所扮演的重要性，並建議他和室友應當保持一致的態度，避免懲罰及鼓勵，盡可能透過適當的冷處理、訓練和引導，來幫助長官學習。

幫助長官減少騎乘行為的其中一種引導方式，簡而來說：每當長官想展示騎乘動作時，我們可以使用像是「坐下」、「去那邊」、「去撿回」等牠已經熟練的指令，引導牠**轉換注意力**，有助於逐漸淡化令人困擾的行為。因為當毛孩做出主人不喜歡的行為時，通常會引起主人的負面情緒和反應，但這可能會讓動物感到壓力，削弱牠們改變的動機。因此，更積極地獎勵和強化動物正確的行為，才能夠創造一個愉快、有條理，且有利於促進動物自主學習的環境。

然而，任何問題行為在減退之前，都可能伴隨一段「消退反撲期」，在這段期間，動物通常會因為得不到預期的結果，導致行為更加嚴重。

舉例來說，如果狗狗每次對電視吠叫就會獲得主人關切，一旦主人決定不再持續這樣的循環，狗狗可能會越叫越大聲，聲嘶力竭地想引起主人的注意。雖然吠叫行為的確短暫惡化了，但是這樣子的狀況，通常會在主人堅持冷處理一段時間之後，逐漸改善（參見第三十八頁：〈教養衝突——我是不是做錯了什麼？〉）。

這樣的消退爆發期也經常出現在調整貓咪睡眠週期的前兩週。倘若主人沒有行為惡化的心理準備，便可能當貓咪深夜狂叫時，按捺不住而起身餵食或互動，導致貓咪持續在深夜表現出這樣的行為。

這也正是為何所有人必須保持一致的目標和態度，來幫助長官度過學習瓶頸的重要原因。

另外，考慮到長官在家獨處的時間非常長，強烈期待與人類互動，我建議小杰漸進地調整環境的豐富度，針對長官的喜好，提供不同種類和尺寸的玩具，讓牠可以自主地選擇玩樂。又或者是藉由有趣的訓練互動及遊戲時間，配合美味的零食，讓長官在得到主人關愛的同時，也能獲得許多成就感。

## 「長官」的義氣救援

一個月後，小杰興奮地告訴我，長官非常享受訓練過程，進步神速，幾乎不再有騎乘行為，讓女友直呼不可思議。或許是這樣的契機讓小杰有了勇氣，在女友面前許下深情的誓言，但因為過於緊張，他差點說不出話來，好在長官跑來緊貼他坐著，展現

緊急救援的義氣。

回想起當初的救援決定，小杰說，看著長官身上的那些傷疤，彷彿大小不一的星階般璀璨耀眼，想和長官一起退伍的心情，油然而生。

# 異食行為——毛孩為什麼愛亂咬東西？

【行為獸醫師說】為動物找尋溫柔的平衡、長遠地處理問題，是幫毛孩與家人建立更深層情感的一個契機，而不僅僅是一場急迫的介入。

## 「幫我看看貓還活著嗎？」

多年前的中秋夜，我在靜巷裡聽到路口傳來一陣尖銳的急煞聲，快步走過去，只見一名翻落倒地的騎士痛苦地呻吟著。

正急忙報警時，她焦急地向我確認：「剛剛有隻貓突然衝出來，我急煞想閃避，但

好像還是撞到牠了！幫我看看貓還活著嗎？好像是黑色的。」我四處找尋，但她所說的黑貓早已不見蹤影。這場意外，卻是巧姨與阿紫緣分的開始。

幾週後，騎士巧姨終於找到肇事的黑貓，帶著牠來找我做檢查。鎮靜檢查後，我們發現可憐的削瘦貓咪，上顎竟有個硬幣大小的破口，通往鼻腔，細看那洞裡還卡著樹枝和些許毛髮，真是匪夷所思。我心疼地想，牠應該是長時間無法順利進食，難怪如此瘦弱不堪。

面對這樣的情況，巧姨並未氣餒，反倒堅定地表示既然因車禍結緣，她想嘗試所有可能救這隻小黑貓，於是將牠正式收編，取名「阿紫」。

經過修補手術和細心地住院照顧，阿紫終於胖了起來，順利地康復出院，成為巧姨的新室友。

然而半年後，巧姨匆匆將阿紫帶回醫院，抱怨牠破壞窗簾、羊毛毯，還啃咬瑜伽墊，而後反覆地劇烈嘔吐，什麼都吃不下。

檢查後，我建議以內視鏡夾出阿紫胃內的異物。這個消息讓巧姨差點昏倒，擔心又氣惱地抱怨：「我真的快氣死了，牠成天咬壞東西！會不會那時我在路上真的撞到牠了？腦袋有沒有撞壞？」

我安撫巧姨，這樣的「異食」行為通常牽涉到多方面因素，而外傷應該並非其中之一。

事實上，「異食癖」（Pica）的歷史可以追溯到十六世紀，並有正式的醫學記載。異食癖的語義源自於一種歐亞喜鵲（Pica pica）的拉丁語學名，這種雜食性動物能夠在各種環境中生存，而延伸到動物行為的領域裡，異食行為通常指的是動物持續尋找、咀嚼或攝入對身體無益的非營養性物質。

## 貓咪的異食行為

在臨床上，貓咪異食的範疇包括：主人的毛衣、圍巾、塑膠袋、棉線、貓砂、壁癌、糞便、棉花，甚至是具有極高彈性的橡膠和橡皮筋等。在有異食癖的貓咪中，有高達七成對多種材質有興趣，貓奴苦主們的共同敘述多是貓星人在家會搞破壞、不時地亂咬各種東西，讓人感到無奈。

這是因為大部分的家屬就像巧姨一樣，第一時間會將異物嚴加保管，同時繼續觀察，因此說是福、也是禍——相較於其他行為問題，有異食行為的毛孩幾乎不會被棄養，但是除非異物阻塞而危及生命安全，否則鮮少會被帶來就醫。所以無論毛孩最初的動機為何，隨著時間推移，這種**對食物識別混淆的行為，可能會漸漸形成一種帶有學習成分的固著，甚至可能發展成強迫性的進食障礙，嚴重干擾腸胃道及營養平衡。**

因此，早期了解異食行為的誘發因素是相當重要的。

回顧阿紫的生活史，不難猜想，長期營養不良、貧血、飢餓、腸道寄生蟲或是口腔問題，都有可能是種下牠異食行為的因素。類似的情況也常見於某些鳥類、大象，甚至是犀牛。在野外，這些動物會食入土壤或泥巴，以滿足身體對礦物質的需求，而這樣的「地食行為」正是一種自我調節的自然表現。

所以，我會建議在開始解決問題之前，先仔細地評估動物的健康狀態和生活史，以排除相關的風險。不過，雖然阿紫身處的外在誘因相當明確，但遺傳及成長過程所帶來的影響，我們已無法窺得全貌。

在貓科動物中，許多貓在幼年時會本能地藉由聞、咬、抓、舔等行為，對環境進行探索及互動。大多數的貓在這段探索期過後，就會停止這樣的行為，轉而以抓撓、輕咬或模仿掠食的行為作為遊戲過程的一部分。

然而，具有異食遺傳傾向的貓可能在一歲之前就發展出異食行為，這也可能與早期斷奶、刺激不足、尋求關注、模仿母貓，又或是焦慮、衝突等情緒因素有關，使得貓咪透過口腔行為，作為一種舒緩情緒的替代方式。雖然某些品種如暹羅貓、東方短毛貓、美國短毛貓的這類行為發生率較高，但實際上無論品種，都可能會發生。

## 令狗主人頭痛的「食糞」問題

或許你會好奇：那狗狗呢？

其實在臨床診療中，狗狗的異食行為也是相當普遍的現象。

一開始的首要考量當然是健康因素。與貓星人相比，狗狗的品種、年齡及遺傳因素也是極為重要的異食行為誘發因子。

舉例來說，以狩獵為導向所繁殖的品種幼犬，經常表現出啃咬家具、襪子、沙發等

行為，讓主人深感困擾。這種行為背後的原因，除了單純的玩耍之外，更可能是因**狗狗的品種中的探索天性，未被正確地引導至適當的物品上，或是家中環境缺乏足夠的刺激，致使狗狗尋找發洩精力的途徑。**

不過，令許多狗主人頭痛的問題之一莫過於「食糞」的行為了。有些狗狗不僅吃自己的便便，甚至會試圖品嚐家中貓星人的便便。儘管有許多人認為相較於其他異物，糞便看起來好像安全許多，但食糞其實會引發口臭、感染等風險，因此還是得格外留意。

事實上，狗狗會有這樣的行為可能是出於飢餓或無聊，但也可能有融合了本能、遺傳及學習的多種動機。

像是許多人都曾觀察過母狗會定期舔舐幼犬，甚至吃掉幼犬的糞便，這種行為不僅有清潔的功能，也可能與狗狗的祖先「狼」的行為傾向密切相關。野生的狼群常見共同食糞行為，這被認為和狼群的社交互動、領地標記、營養補充、維持清潔及共同餵食幼狼有關。因此在演化中，這樣的食糞行為模式，也可能代表狗狗的一種和諧的社交能力。

所以，我們不僅要考慮狗狗是否吃不飽、飢餓過久、尋求注意或是處於焦慮情緒等因素，還應特別留意對狗狗來說，具有高吸引力的高蛋白飲食所產生的糞便，可能會直接引起狗狗的食欲，使得這種食糞行為成為一種極高的自我回饋。

## 異食行為，並不是毛孩的錯

阿紫動完內視鏡手術後，我與巧姨一同重新檢視居家環境。除了積極調整高風險異食材質，我也建議她逐步為阿紫提供一個豐富的貓天地。

在飲食方面，除了增加飽足感，也建議增加阿紫的每日食物總熱量，並添加腸道益生菌，以幫助牠減少異食行為的發生。

考慮到在新環境中長時間躲藏的阿紫，不安的焦慮情緒可能間接加重了異常口腔行為的傾向，我建議給予一些有助於舒緩情緒的輔助品，調整牠的焦慮不安，讓牠能更輕鬆地適應環境。

最重要的是，我還想讓巧姨明白：**這並不是阿紫的錯，不應試圖以懲罰的方式來解決問題**。由於異食行為可能深植於動物多年的行為模式，儘管不一定能治癒，但絕對

值得我們為動物找尋一個溫柔的平衡，長遠地處理這個問題。我常把這個過程比喻是「為毛孩與家人建立更深層情感的契機」，而不僅僅是一場急迫的介入。

數個月後，巧姨分享著阿紫的進步，還笑說牠已經轉變成瘋狂的「紙箱殺手」，每天充滿活力地在紙箱中穿梭、鑽洞，非常忙碌又可愛。

我好奇地問起，既然阿紫是隻黑貓，為何當初不叫「阿黑」？巧姨的回答頗有深意。她曾有隻叫做夕霧的貓，名字取自「夕霧花」，陪伴她走過漫長時光。夕霧走後，她傷心地認為這輩子不會再養貓，然而車禍那晚跌落地上，望著高掛的滿月，她突然體悟到與黑貓的相遇絕非偶然，而是多年後的久別重逢……

那夕霧花的紫，象徵著濃烈的思念。

# 重複行為——毛孩不斷舔毛，是病嗎？

【行為獸醫師說】無法用言語表達感受的毛孩，常常利用舔舐行為來安撫自己的不適。這樣的重複行為看起來微不足道，實質上卻像一道防線，告訴我們眼前的毛孩或許出了什麼狀況。

## 先找獸醫，釐清是否有皮膚疾病

乘著夏日的炙熱陽光，我和先生到新加坡拜訪朋友艾倫。艾倫家是典型的雙層南洋建築，深綠色花欄杆從前方圍起一片空地，視野深處，有隻棕色玩具貴賓犬正興奮地

搖著尾巴。

「妳看我的泰迪（在新加坡和其他的亞洲國家，玩具貴賓犬常常被稱作泰迪犬），牠叫露露。喲，又在舔腳。」

艾倫帶我們走進客廳，邊向我抱怨：三年前的某日，露露突然舔起右前腳，然後一切就像洪水般迅速擴散，前腳、後腳、肚子、側腹，無一倖免。他皺起眉頭：「狗糧換了好幾種，還有給止癢藥啊，結果還是在舔。」

毛孩不斷舔毛，是病嗎？其實動物利用口腔梳理毛髮是一種正常的本能，像是狗、貓、馬及許多哺乳類動物，都會利用舌頭及牙齒好好地幫自己清潔一番。

但是若發現舔毛的頻率增加，甚至皮膚已經有紅腫、脫毛及出血的現象，在緊張之餘，要記得先找獸醫排除是否皮膚出了問題。因為無論是寄生蟲、感染或者是過敏性問題，都可能會帶來一定程度的搔癢。動物為了止癢，會想盡辦法舔啊抓的，雖然很痛快，但是反覆地過度刺激皮膚，二次性紅腫會使得皮膚進入搔癢的無限迴圈，甚至越來越脆弱，而產生更嚴重的傷口。

我建議艾倫**先聚焦在皮膚疾病，然後一步步地釐清是否有疼痛、內分泌疾病、神經問**

**題、認知障礙及腫瘤等狀況。**

因為無法用言語表達感受的毛孩，常常利用舔舐行為來安撫自己的不適。正因如此，像這樣的重複行為看起來微不足道，實質上卻又像一道防線，告訴我們眼前的毛孩或許正在經歷些什麼。

## 出現重複行為，是否心理有狀況？

艾倫將目光投向趴在地上的露露，問我：「不過像牠這樣舔，妳說牠會不會是心理有毛病啊？」

「**看似與世無爭的毛孩，在生活中確實可能會因為挫折、壓力，甚至是遺傳氣質的傾向，而產生一些像舔毛般的重複行為。**」我向艾倫解釋。

在大多數情況下，這些毛孩初期會有一些隱晦的行為，像是舔毛、抓地、舔牆壁、追自己的尾巴等，讓主人摸不著頭緒。隨著時間過去，引發行為的情緒門檻越來越低，而主掌認知及行為控制的大腦前額葉到尾狀葉迴路，或是參與運動調節的基底神

經節有了更明顯的變化，這時，毛孩便更容易因情緒波動而產生頻繁、誇張的重複行為。

對敏感的個體來說，即使是輕微的壓力，甚至是獎勵，都有可能刺激神經物質分泌，進一步引發重複行為。因此，像舔毛這樣的重複行為，有時候往往是多種動機的組合。正因如此，了解自家毛孩的個體氣質，及早優化環境與教養方向，往往比事後的行為治療還更加重要。

艾倫聽了，撐著頭說：「如果能不用藥，真的是不想給狗狗吃藥。」

我點頭附和。「的確，對於許多家屬來說，用不用藥實在是個難以選擇的掙扎。如果能不用藥，當然是再好不過的了。」

每個毛孩需要的治療建議都不同，從外到內，除了減少壓力來源之外，提供足夠的環境刺激、運動，避免使用懲罰的教養態度、給予正向的訓練及獎勵，或適時配合用藥，才能逐漸調降行為出現的頻率。

面對重複行為，通常從治療到改善的過程，是為整個家庭提供一個量身定做、逐步進行的計畫，就像幼兒學步一樣，走著走著，**每一小步都可以是進步。**

所以，和其他的疾病一樣，並非所有的重複行為都需要用藥。但是長期且不穩定的健康狀態，可能讓毛孩累積挫折的情緒，使得生理與心理的負面狀態更加難分難捨，所以舔著舔著就舔出心得的毛孩也確實不少。

這就是為什麼，對於重複行為情況嚴重或長期發生的毛孩來說，藉由藥物的幫助，可以增強正向記憶的敏感度，改善訓練效果，並減少負面情緒及共症的發生，進而將身與心，一起好好地安穩下來。

## 法國諺語：「狗的舌頭是醫師的舌頭。」

艾倫手指著自己的膝蓋，繼續提出疑問：「對了，上個月我摔傷膝蓋，牠連我的傷口都想舔。狗狗為什麼愛舔人啊？牠有時候還會舔我的嘴，是很喜歡我的意思嗎？」

狗狗舔人的行為歷史最早可在希臘神話的記載發現，聖殿裡的狗狗能透過舔舐病人的傷口，治癒各種疾病。在古代歐洲的醫學發展裡，人們認為狗狗的唾液和舌頭的溫

度可調整體內的各種不平衡。直到中世紀，隨著醫學進步，從科學到心理層面，人與狗更是密不可分，像是富含磷酸鹽的狗糞被製成藥膏，尖銳的犬齒被做成祈福項鍊。因此法國有句諺語：「狗的舌頭是醫師的舌頭。」從文化的脈絡來看，狗狗對人的舔舐行為，不僅是人與馴養物種間的結晶，也是歷史淵源下的親密象徵。

再從行為的角度來看，狗狗對人的舔舐行為，可能是一種「尋求關注」的互動，是眾多社交行為的一種模式。另一方面，狗狗從幼犬時期，就學會利用舔舐行為，來維持一種親密及信任的社會關係，因此透過這種親密的互動和接觸，不但會增加催產素的釋放，還會降低皮質醇、腎上腺素，從而達到降低心律、調節呼吸及血壓的功效，對雙方皆有放鬆的撫慰效果。

不過也要注意，雖然有某些近代研究發現，狗狗的唾液含有特定的抗菌、抗發炎及幫助傷口癒合的蛋白質，會對傷口形成另類的保護傘，但是，牠們的口腔中同時存在著許多致病菌，若深入傷口，還是可能造成嚴重的感染，威脅生命。所以當狗狗熱情地舔向你的時候，還是要考慮一下自身的免疫及健康狀態，以降低潛在的感染風險。

## 在水中濺起水花的狗

我們臨走前，屋外下起暴雨，轟轟轟的。艾倫揮手向我們告別，沒想到露露從門縫鑽出，毫不猶豫地衝向雨中去叼回牠淋濕的心愛玩具，讓眾人目瞪口呆。

我笑著解釋，身為法國國犬的貴賓犬（Poodle），名字其實來自於德語的「在水中濺起水花的狗」（Pudel Hund），因為牠們天生擁有卓越的游泳能力，可以協助獵人捕捉野鴨。

所以，露露在大雨中完成拯救玩具的任務，實在是名副其實的水中工作犬，堪稱水上小英雄啊！

# 多元智力——你的毛孩到底是聰明，還是笨？

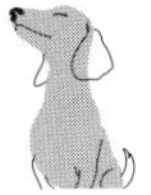

【行為獸醫師說】所謂的多元智力，不以「缺少」的角度來描繪動物智力的傾向，而是試著將多元的能力想像成交相輝映的色彩，在濃淡之間，每個生命皆可調和出屬於自己的不一樣。

## 我與米格魯的初相見

那是我小學二年級時，某日在回家路上，下起滂沱大雨，我正跑上天橋，後方突然有個聲音大喊：「笨狗，過來！過來！你給我過來！你給我過來！」一回頭，只見一隻耳朵大大的米格魯搖著尾巴一路奔向我，回過神才發現牠的目標其實是從我口袋掉落出來的物品，主人好氣又好笑地把狗狗拖走。而這可愛的一幕被我的記憶快門按下，保存在一張名為「我與米格魯的初次相遇」的彩色回憶裡。

在我工作的動物醫院，經常遇到許多米格魯的飼主無奈地抱怨自己的毛孩衝動、不受控，好像根本聽不懂人話。連同事朱醫師談到她可愛的米格魯丁丁時，也無奈地說：「我真的懷疑丁丁沒有很聰明。牠都沒有在理我的！」

「其實丁丁可能沒有妳想的這麼笨喔！」我笑著回答。

在我的提議之下，我們決定幫丁丁進行一次有趣的「多元智力測驗」，來看看牠到底是不是一隻可愛的小呆瓜。

## 「多元智力」，重視每個生命的不一樣

世界上的第一項人類智力測驗是從二十世紀初建立的。然而，由於人類和狗狗

在語言溝通上的限制，適用於狗狗的智力研究測驗，要從一九九四年斯坦利・科倫（Stanley Coren）的「工作服從性智力」研究說起。這項測驗是透過評估不同品種的狗狗對於訓練師表現出的服從程度，來決定牠們的智力積分。

但由於研究的設計是基於對人類的「有用程度」來評分，身為嗅覺獵犬家族一員的米格魯在測驗中，多數無法專注地聽從指示，品種總積分便名落倒數的後段班。情況類似的成績吊車尾品種除了可愛的米格魯，還有優雅的阿富汗獵犬、巴吉度獵犬、西施犬、鬥牛犬及馬爾濟斯犬。

客觀而言，這些分數除了並不能真切地反映出狗狗的智力之外，也造成許多人對於狗狗品種的刻板印象。事實上，從科學的角度，我們確實無法用一個簡單的乖巧服從分數，來評估動物的內在智慧及神經心理學的複雜性。

單單從人類成長的經驗來看，相信大多數人並不難理解，「服從」與「智力」所論述的從來都不是同一件事情。比如許多才華洋溢的名人，都曾對學校教育感到困惑，成為有名的中輟生，像是著名的物理學家愛因斯坦、微軟創辦人比爾・蓋茲，以及臉書創辦人之一的馬克・祖克柏。

近年來，對於非人類動物的智力評估，行為學者們開始採用一九八三年由霍華德・加德納（Howard Gardner）提出的**「多元智力」概念**。從多元智力的角度來看，智力並不是一個簡單的總積分，而是一種生物心理學的潛力、解決問題的能力及綜合能力的組合。

在自然界裡，生物間各種不同的多元能力不但是進化的驅動力，也是帶動不同物種演化的橋梁。以推理能力為例，這種能力不僅有助於動物解決問題、避開危險，還可以幫助動物透過學習來創造新的生存方式。例如，在法屬新喀里多尼亞的烏鴉能製造不同種類的鉤子來捕捉獵物，這種技能便可能展現烏鴉的推理、空間、記憶及本能的多元智力。

古希臘哲學家亞里斯多德也觀察到狗狗若面臨岔路選擇的難題，通常可選出一條短而方便的捷徑。這樣的行為不但展現出狗狗的推理能力，也涉及了記憶及空間的多元智力。

所以在探索不同動物的多元智力過程中，不會以「缺少」的角度來描繪動物智力的傾向，而是試著將這些多元的能力想像成交相輝映的色彩，在濃淡之間，每個生命皆可調和出屬於自己的不一樣。

## 每一隻狗狗都獨特而迷人

按照美國行為學者設計出的標準流程，我們為丁丁進行了「多元智力測驗」。測驗總共包含十項認知任務，像是呵欠任務、眼神接觸任務、手腳指向任務、記憶嗅聞任務、猜杯子任務等。每項都反覆地進行三到六次，以得到平均的結果，以用來測試狗狗的不同智能面向，包括情感智能、記憶智能、溝通智能、邏輯智能等。

舉例來說，朱醫師在丁丁的身旁打呵欠，接著我們會觀察在兩分鐘內，丁丁是否也跟著她打呵欠，並計算次數。

從一些認知相關的研究發現，除了猿猴等非人類靈長類動物是少數能夠對人類的呵欠產生情感共鳴的動物，有百分之二十左右的家犬也可以。換句話說，這些狗狗不但具有很強的同理心，且較能靈敏地辨識主人的情緒。

當日的測驗過程總共花了近兩小時，不如我們想的順利，因為貪吃的丁丁有好幾次衝動地直接走過測驗防線，或只是呆萌地望著我們，讓我和朱醫師有些手忙腳亂，不斷地拆封零食，才能持續引導牠參與測驗。因此我們一致認為，牠的測驗結果應該慘不忍睹。

然而收到國外的最終分析報告後，令人大吃一驚的是，丁丁的測驗結果並不如我們所預期的差。以「多元智能」的角度來看，雖然丁丁在情感上的表現較為自我，且無法穩定地回應指令，但牠在記憶智能的表現十分出色，優於百分之九十的狗狗，擁有絕佳的記憶天賦。

從丁丁的結果，不但解釋了嗅覺獵犬的能力，也告訴我們，每一隻狗狗都是如此的獨特而迷人。

從中世紀以來，嗅覺獵犬在歐洲一直是獵人工作上的好夥伴。這些耐力驚人的吠叫型犬種在追逐獵物的漫長過程裡，必須不斷地記住獵物的動態路線與味道，且藉由將獵物逼到牆角，以特有的鳴叫，來提醒獵人牠們的位置。

然而，作為一隻不用捕獵的都市宅犬，飼主便經常抱怨家裡的米格魯：神經質地過度吠叫、叫都叫不回來、看到小鳥就過於激動、精力無窮、在家裡挖破沙發。

但我們必須明白，嗅覺獵犬一開始並不是作為「寵物」而被繁殖出的犬種。因此從

另一個角度來看，也正是因為有這些出色又擾人的本能特質，讓可愛的米格魯在經過適當及正確的訓練之後，能為我們擔任重要的檢疫犬工作。

測驗結束後，丁丁的肚子非常滿足，牠總共吃掉了將近十條的美味鮭魚肉條。

我想對於丁丁來說，智力測驗的結果一點都不重要，重要的永遠是——美味的食物。

# 短尾突變——短尾巴是一種疾病嗎？

【行為獸醫師說】短尾不完全是疾病。但有些貓咪天生完全無尾、尾巴形狀過於扭曲，或因外傷導致斷尾，有可能對生活及行為產生不同程度的影響。

## 長崎的短尾貓

數年前，在獨自前往日本自助旅行的班機上，我和鄰座的陌生女士「阿玲阿姨」閒聊起來。在日本大學任教的她知道我是獸醫後，便熱情地邀約，想帶我去看看長崎的街貓。

隔了幾日，我依約到了長崎市。阿姨帶我一路緩慢步行，邊介紹當地歷史，邊敘述

長崎填海造陸的過程，直到我們抵達新地中華街，她指著中華麵店前的小公園，「在那裡，這個時間會有貓。那些貓長得很特別喔。」

我的眼睛立刻睜大起來，快步向前。畢竟對於我這樣的職業貓奴來說，旅行的精神糧食除了貓，還是貓。

小公園的綠地不多，白色拱門旁站著一位大叔，他身旁的石子地面上，有隻白底橘斑的胖貓狼吞虎嚥地吃著肉，牠將背壓得低低的，粗壯四肢與渾圓腮幫襯托出巨大的體型。牠穩穩地占據所有美食，絲毫不在意我的出現。

阿姨將聲音壓低：「妳看，牠的尾巴很短，好像被截斷一樣。這一帶的貓都長這樣，很特別。」

我放眼一看，才發現四周的草叢間有更多短尾貓或躲或藏，有些害羞。

## 天生短尾，仍是貓咪的好幫手

短尾是一種疾病嗎？其實不完全是。

雖然起初可能是基因突變，導致動物的脊椎骨發育異常。但是這樣的脊椎骨變異，在人類會造成較高的死亡率，對有九條命的貓咪來說，影響卻較小。

短尾巴仍是貓咪的重要好幫手，在跳躍、平衡或表達情緒時，皆可派上用場。例如：處於好心情時，高高地豎起短尾巴；具有攻擊情緒時，激烈地搖動短小尾巴，甚至將毛髮炸開，讓自己看起來更加威武；相對地，處於防禦或恐懼情緒下，短尾貓也通常會緊緊地將捲曲的尾巴朝下、貼著身體，輕輕顫抖。

也就是說，雖然較短的尾巴的確增加從遠處辨識的困難，但在日常使用上並不會帶來太多不同。

## 當尾巴失去功能

然而在臨床上，有些貓咪天生完全無尾、尾巴形狀過於扭曲，或因外傷的緣故導致斷尾，進而影響到尾巴的功能，就有可能對貓咪的生活及行為產生不同程度的影響，需要主人特別留心照顧。

舉例來說，我曾遇過一隻名叫南瓜的老貓。南瓜過去與家中其他貓相處融洽，毫無問題。但自從被意外燙傷之後，導致尾巴功能及耳朵外觀受損，情況就有所改變，牠經常被其他貓咪追趕攻擊，卻無法跳高保護自己，讓主人十分心疼。

這樣的情況可能有幾個原因。首先，南瓜在受傷期間必須頻繁進出醫院，導致身上的氣味改變，讓其他貓咪同伴無法識別。其次，無法使用尾巴及耳朵表達身體語言的南瓜，與其他同伴互動時的社交行為改變了，讓同伴無法正確地解讀牠的情緒與意圖，導致相處上的誤解及緊張的氛圍。

此外，失去功能的尾巴，也讓南瓜的跳躍與協調能力不如以往，無法好好享受高處的風景，更無法輕鬆地在家中移動。因此，我建議主人給南瓜一個安全的獨處空間，視情況逐步重新介紹原有的貓同伴，以幫助毛孩們重新適應與認識彼此。

## 招來幸福的短尾巴

這樣看起來，尾巴長一點，對貓咪來說好像更萬無一失。但是短尾的突變性狀，在長遠的演化歷史裡依舊被完整地保留下來，這背後除了生物學上的意義外，其實也蘊含著一段文化淵源。

歷史上關於短尾貓的正式記載，出現在西元一八六八年，由達爾文在馬來亞群島發現。他看到那裡有些貓的尾巴很短，長度只有正常的一半，尾巴底端還有一個小結。接著，他進一步觀察到，這些貓咪尾巴短縮的程度大約可分為三種，而扭轉的方式卻都有些不同，真是有趣極了。

但達爾文沒想到的是，這樣的貓在南亞並不罕見，甚至可說是隨處可見。在中國的神話裡，短尾貓被賦予財富的象徵，更被老一代稱為「麒麟尾」。相傳這種彎曲的尾巴就像一把鑰匙，能緊緊地鎖住財富，也鎖住幸福。

在長崎，有八成的貓咪是短尾，除了顯性遺傳之外，也和日本在十六世紀江戶時代的鎖國政策「出島」相關。當時，長崎港是日本對外的唯一窗口，也是外國人唯一可在日本滯留的地方。說到出島，實際上就是將外國人的生活起居限制在兩個足球場大小的島上，以一條細長的橋作為與長崎市內資源交換的管道。若以現今的角度來看，這是一種貿易政策下的靠岸隔離，除了沒有噴酒精、戴口罩之外，其他可都具備了。

於是，每年夏天從荷蘭來的幾艘商船，在經過非洲、印度洋及東南亞的幾處停靠站後，到達長崎。他們不僅輸入啤酒、咖啡、番茄及大量的印度絲綢，也帶來在船上驅趕老鼠用的貓咪。這些貓咪可能是由水手帶上船的，也可能是在不同的停靠站自行上船的。

受到長崎港口大量的漁獲吸引，貓咪們選擇在良地待下。這些不受出島政策拘束的動物在市內自由進出，逐漸成為長崎港的特殊新住民，也帶來了短尾貓基因的島嶼生物遷移現象。

後來，牠們更搖身一變，出現在十八世紀後的商店裡，成為左手招客、右手招財，眾人喜愛的土燒彩繪「招財貓」。換句話說，這短尾基因確確實實是重要的文化資產呢。

## 期待再相見的那天

在旅程的尾端，我和阿姨一同走上緩坡，迎面而來的微風有大海的味道，腳底下的小磚塊石子路是濃厚的古典情懷。往來的路面電車那白底暗紅色的復古外貌、旅客的熱鬧氣氛，在新舊交接的空間裡，一同享受著秋日的太陽。

在飛機上相遇那日，阿姨曾在我的旅遊書上寫下聯絡方式，可惜如今書已不知去向。我打從心底希望在這後疫情的世界裡，阿玲阿姨比平安，更加平安。

或許某日我們還會相見，我必定會和她再聊聊天，聊聊地。

# 音樂品味——毛孩懂得聽音樂嗎？

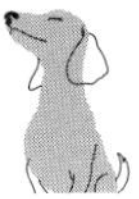

【行為獸醫師說】給毛孩聽音樂，務必要給予牠們對音樂環境的「自主權」，這是基於毛孩的行為與喜好的考量下，主人能確保牠們感到舒適和安全的重要關鍵。

## 「毛孩都喜歡聽音樂嗎？」

坐了許久的飛機，我帶著一身疲憊，開啟人生初次的清邁之旅。這裡彷彿有兩個太陽，將一切照得如此炙熱又鮮豔、有趣，讓我看得目不轉睛。

民宿老闆麥克提著我的行李，走到一半突然停下來說：「妳是獸醫，那應該很喜歡貓吧？那隻是我的貓，叫做當提。牠平時會跑去外面玩，但是每天早餐時間，妳都可以在附近看到牠。」

當提是一隻黑到發亮、體型略小的南洋短尾公貓。在泰文裡，「當提」這個字有音樂的含義；在泰北的方言裡，當提也代表著一種梨形的木製弦樂器「魯特琴」，象徵著從天堂來的音樂，美麗、輕柔而和諧。

這名字的確也正呼應當提的喜好，麥克說牠非常喜歡聽音樂，尤其是聽到節奏輕快的曲子，牠的反應更是誇張，甚至還會在地上呼嚕打滾，堪稱是民宿裡隱藏版的貓星人表演秀。

「貓都喜歡聽音樂嗎？」麥克問我。

「其實不一定呢。」我笑著回答。

在野外，動物對各種聲音的反應都與牠們的生存息息相關，因為聲音可以幫助動物定位危險的距離，也可以作為溝通方式和發出交配訊號。因此，在理解貓咪是否喜歡聽音樂之前，必須先了解人類所提供的音樂，能否對貓咪產生積極的影響，構成一種

愉快的交流訊號。

根據現階段的科學研究，在不同的環境中提供音樂，的確可以為某些動物帶來好處，並達到豐富的感官體驗，進而改善動物的生理狀態。例如：音樂可以減少人類術後的疼痛和焦慮，也可以增加乳牛的產奶量、豬的積極情緒、魚類的生長率、大象的刻板行為、黑猩猩的攻擊性及焦慮行為等。

在狗狗的研究裡，則是發現有些狗狗在接觸音調低、節奏慢的古典音樂後，會表現出心跳漸緩、放鬆的表現；有的狗狗則是聽到重金屬音樂時，表現出吠叫、搖尾巴等情緒高漲的反應。

但無論是哪一種音樂，也有皆不埋單、毫無反應的狗狗。這是因為音樂並不像食物能為動物直接帶來獎勵，所以在觀察動物對特定音樂的偏好時，仍存在著一定程度的行為觀察上的判斷偏差。

此外，即使是同一物種，不同品種間的頭部結構、雙耳間距離以及耳廓形狀，也都會影響個體對聲音的接受度及內在的感受性。因此，不同物種和個體對於音樂的感受，自然存在著許多差異，並還會隨著動物的氣質、社會化程度、年齡及健康狀況等因素而有所影響。

## 給予毛孩對音樂環境的「自主權」

正因如此，在動物的世界裡，讓每一隻動物都喜歡的「神曲」可能並不存在。音樂應該被視為是一種訊號的傳遞，而不同的聲學特徵、頻率、分貝及類型，都會影響音樂的訊息功能。所以無論是對於動物還是人，只有當音樂是聽者的「喜好」時，才可能渲染出積極、正面的情緒。

以貓為例，幼貓在出生後不久，便會對吸吮及呼嚕的聲音產生正向的情緒記憶。因此，與之相近的音質特色可被應用在貓音樂的設計裡，包括模仿貓呼嚕聲的三滑音、較高頻的音質，或是接近心跳數的輕快節拍。

但是在臨床上，許多主人驚訝地發現自家貓咪聽了貓音樂，不但平靜不下來，反而在家裡橫衝直撞。

其實，雖然和諧的貓音樂可對多數的貓咪帶來聽覺豐富化的效果，但是即使是正向的情緒，也有「平靜」和「興奮」兩種截然不同的反應。

因此我通常會提醒家屬，在嘗試貓音樂之前，務必要給予毛孩對音樂環境的「自主

權」。這種自主權，是基於貓咪的行為與喜好的考量下，主人能確保牠們感到舒適和安全的重要關鍵。

簡單來說，我建議先觀察貓咪對於音樂的反應是否如我們所希望的樣子，像是平靜躺著、愉快玩耍或是喜歡互動。接著提供光線柔和、隱蔽、舒服的音樂環境，加上適當的播放時間，確保貓咪的耳朵有足夠的休息時間。**最重要的是要注意調整音量、避免使用重低音喇叭，並安排一處「無音樂」的環境，讓貓咪有不聽的選擇權。**

如果能做到這些，音樂還是能普遍在環境裡提供一種友善的可能，讓動物在環境夾縫中，隨著旋律的振幅，找到一種共振的撫慰。

## 「毛孩會唱歌嗎？」

隔日早晨，我經過民宿的花園，看到當提張著嘴對一隻八哥鳥嘶嘶叫著。麥克見狀，立即上前阻擋，邊揮著手，邊轉向我抱怨：「那隻笨貓這麼愛嚇鳥，也不想想牠只會聽音樂，人家鳥還會唱歌咧。對了，我看網路上有些狗狗貓貓好像會唱歌，真的有這種事嗎？」

其實目前除了鳴鳥類之外，只有少數的哺乳類動物具有學習歌唱的行為能力，包括人類、海豚、鯨魚、海豹、蝙蝠等。

雖然發聲行為也是犬、貓的重要交流方式之一，但是犬、貓的大腦裡少了鳴鳥類特有的發聲學習區，也就是控制學習歌唱行為的「高發聲中心核」，及其下方與舌下神經核連接的「弓狀皮質櫟核」。而這兩個重要的神經區域，正是負責協調歌唱行為、學習發聲及控制神經迴路的特有結構。

雖然人類與鳥類的大腦結構也不相同，但彼此的神經機制卻有許多相似之處。相較之下，犬、貓的發聲系統較為簡單，因此，牠們沒有像人類或鳴鳥類那樣的語言及音樂學習能力。

儘管牠們不可能像人類一樣唱歌，但是有些犬、貓還是可能會對音樂表現出節奏感，並隨著音樂擺動身體及尾巴，也算是最佳的音樂聽眾呢。

# 天上人間的音樂

旅行的最後一日，我到了雲海上的高山寺廟。在青空下的屋簷邊，聽著繫了滿串的祈福鈴，清脆的聲響伴著微風此起彼落。我輕握蓮花繞著走，漸漸沉入平靜的結界裡。

這對我來說真是最美的音樂，在天上，也在人間。

# 四、永遠的家人

# 老毛孩——以前愛吃的食物，怎麼現在一口都不碰了？

【行為獸醫師說】我們需要適度地去理解，外表看起來依舊可愛的老毛孩，內在的身體功能因老化，已逐漸地改變了。

## 「我覺得牠的時間應該不多了……」

咪魯是有著一頭金黃棕色蓬鬆捲髮的玩具貴賓犬，靈活有神的大眼睛底下，藏著一個倔強又勇敢的靈魂。相較於其他玩具貴賓犬，牠的腿比較細長，來到診間總是像小鹿斑比般，在主人婷婷身旁開心又有點焦慮地跑跑跳跳，十分可愛。

和咪魯相遇，是牠患急性肺水腫來院。由於心臟瓣膜脫垂狀況嚴重，曾讓牠反覆地在鬼門關前徘徊好幾次，只要情緒激動，甚至是洗澡美容後，都可能發作，幸好皆有驚無險地度過。

考量到心臟病的病況起伏，我建議婷婷調整幫牠洗澡的方式，改用擦澡或是分段洗澡以減少刺激。並且大幅度地減少帶牠外出散步的次數，好幫助牠平安地度過這段不穩定期。

不過，接著又出現令人憂心的新病況：十四歲的咪魯逐漸進入老狗病患常見的腎衰竭病程，腎指數居高不下。更棘手的是，日漸變差的食欲嚴重影響牠吃藥的意願，讓婷婷非常著急。

為此，她做了許多努力，企圖以美味的食物來掩蓋藥物的存在感，從適口性高的貓罐頭、貓肉泥、花生醬、水果，到牠熱愛的早餐店的小熱狗、蛋餅、筒仔米糕、調味乳、炸雞排和香草冰淇淋等等。然而，咪魯不但表現出強烈的拒絕，不願進食，甚至痛苦地不斷吠叫，接著緊咬牙關，將所有碰到嘴巴的食物一一吐出。

我們也曾嘗試另外幾種醫療的輔助方式，像是將藥物改成液體型態餵入；由醫師助理抱住咪魯，將膠囊強塞入牠嘴裡；甚至試過放置鼻胃管，來幫助牠暫時順利地服用心臟藥物，但都宣告失敗。令人感到心疼的是在過程中，咪魯非常恐懼，瞪大雙眼、用盡所有的力氣不斷掙扎，還咬傷了舌頭而弄得滿口鮮血，非常可憐。

直落的體重數字，彷彿將牠所有的不適更具體地呈現在我們眼前。那好似是一種無處可去的情緒，重重地打在婷婷的心上，也漸漸地讓咪魯陷入一種情緒的困境裡，情況越來越膠著。

眼見咪魯已連續三日都不肯吃心臟病的藥，身體明顯衰弱，婷婷難過地問我：「李醫師，咪魯已經好幾天不吃藥，我覺得牠的時間應該不多了……可以帶牠出去散散步嗎？」

起初我有些猶豫，擔心沒有吃藥的咪魯會在運動之後，心肺的情況更加惡化，但考慮再三，還是同意牠出門散步。結果情況完全出乎我的意料。

「李醫師，咪魯剛剛自己吃藥了！」那個下午在散步後，婷婷興奮地打電話告訴我這個天大的好消息——就在走了好幾公里之後，咪魯終於吃下了心臟病藥！

我很感動，因為那是誰都強迫不來的事，是牠心甘情願地吞下一顆顆藥丸。

我彷彿看見，處在緊張的壓力與崩潰邊緣的咪魯虛弱地站在巷口，望見久違的陽光

從另一頭斜斜地渲染進來，牠深深吸了一口氣，打從心底微笑著，因為牠最珍惜的小時光終於回來了。

這件事也讓我內疚地省思了許久。我想，咪魯的確深切地感受到在這段漫長的病程中，自己被剝奪了什麼，久違的午後散步又讓牠再度擁有什麼。主人婷婷的生活，也被我所給出的醫療建議影響著。

## 變得挑嘴？牠們只是老了……

隨著老化與病程的發展，動物可能會漸漸表現出情緒與行為問題，且經常反映在牠們的飲食或睡眠行為上，令許多家屬感到非常擔憂。這些改變，與疼痛、壓力、疾病不適或認知功能下降，往往有著密不可分的關係。

因此，除了要經由獸醫師專業診斷之外，也需要適度地去理解這些外表看起來依舊可愛的老毛孩，內在的身體功能已逐漸地改變。

以味覺功能為例，因演化所帶來的改變，使得每一種動物舌尖上的感受，有著不同維度的差異性。

以我們熟悉的貓咪來說，退化的甜味受器並非完全是一種缺陷，反倒能幫助超級肉食性的貓科動物專心地在大自然捕食小型哺乳類。

相較於貓咪，狗狗的味覺能力更廣泛、多元。雖然狗狗的味蕾細胞只有人類的五分之一，卻是貓咪的二十倍之多。因此，牠們能品嚐食物中的各種好滋味，並產生更複雜的個體偏好，堪稱是伴侶動物裡的美食家。

然而隨著年齡增長，位於舌頭背側的細胞會產生某種程度的萎縮，並同時因為毛孩的嗅覺、視覺及對熱感知的能力下降，而影響整體的味覺感受。此外，慢性疾病所造成的口腔溫度及唾液量不足，也使得毛孩對於過去喜歡的食物，接受度反而越來越差，讓許多家屬摸不著頭緒，並誤認為是教養上的偏差，讓牠們被「慣壞了」。

因此，面對極度挑食、不肯進食的老毛孩，我們除了需要積極地緩和疼痛及疾病所帶來的不適之外，還需透過縝密的行為觀察與記錄，從日常瑣碎的進食細節中，拼湊出毛孩的偏好，並藉由不同溫度、質地及口味的食物，提供牠們更多友善的選擇及幫助。

## 生活品質下降，會使病情惡化

另外同樣重要的是，照顧這樣的毛孩，除了要先考量到上述的各種原因外，還需利用獸醫師為毛孩量身定做的「生活品質評估表」，評估現階段的整體生活品質，以了解牠們是否處在適當的健康狀況及正向的情緒裡。因為**生活品質下降，往往會直接影響毛孩應對疾病的情緒和能力，並使得病情更加惡化。**

透過生活品質量表，較能幫助我們在漫長的疾病進程中，找到一種觀察動物福利的方式，以確保毛孩獲得合理的對待和良好的照顧，間接審視整個家庭在疾病中，生理、心理和社交層面是否都仍能享有基本的權益。如此一來，才不會因過度關注於疾病的風險，而忽略了人與毛孩共同生活的核心價值。

以咪魯的例子來看，我們可藉由評估：牠能否有機會表現其自然行為、是否感到任何痛苦、能否獲得所需的營養和水分、是否有安全且舒服的居住環境及滿足社交需求的機會，來衡量牠的生活品質。

因此，從咪魯的食欲改變、嘔吐狀態、出門活動頻率、疼痛狀況，到睡眠長度、排泄狀況、清潔程度、咳嗽狀態、和婷婷互動情況的改變，都可以變成重要的參考，來客觀審視牠和婷婷在「內在情感」與「外在社交」方面的需求，以適度地彈性調整每個階段的醫療建議。

## 陪牠走過最後的小日子

隨後的日子裡，咪魯的食欲還是時好時壞。兩年後的秋末，牠靜靜地踏上重生之旅。

令人欣慰的是，在最後的那段小日子裡，咪魯每天不分晴雨地出門散步，還結交了一隻街貓朋友，滿足地度過每一天。

# 認知障礙症候群——這個階段，還有什麼能為牠做的？

【行為獸醫師說】隨著年紀增長，毛孩的大腦也會老化並產生病變，但並非在瞬間發生，反倒像是一片片拼圖碎塊，漸漸地拼湊成「認知障礙症候群」。

## 原來，牠不是單純地老了……

高中時，我開始喜歡喝咖啡，也研究咖啡豆，那時我常幻想著日後若養狗，不如就叫做「咖啡」。多年過去，我沒有機會實現夢想，卻在醫院遇見「咖啡小姐」，與牠串起十多年的醫病緣分。

咖啡小姐的個性像是一杯冷熱交融、苦甜相織的阿法奇朵：當香草冰淇淋淹沒在濃縮熱咖啡海裡，濃郁香氣瞬間在味蕾擴散，那一秒之差的先苦後甜，就好似牠怕生卻又熱情的個性，令人驚喜萬分。

初見咖啡小姐時，吠叫不停的高頻音量讓我不免感到些許壓力，但暖身之後，牠會發揮傻愣撒嬌的隱藏技能。這才察覺在那對細長睫毛及明眸雙眼下，依舊是隻天真無邪、惹人憐愛的迷你雪納瑞。

和其他病患一樣，咖啡小姐不怎麼喜歡來醫院，每到約診時間，總聽見從醫院外遠遠傳來陣陣吠叫，逐漸逼近，主人小正則穩如泰山地拎著上下不停晃動的外出籠。多年來，我對牠的叫聲已十分熟悉，「聽聲辨狗」成為我們之間的一種醫病默契。

在我們認識的最初幾年，牠先天肺動脈瓣異常的病情非常穩定，除了固定回診的日子外，偶爾也會來醫院寄宿幾天。直到兩年前，右心壓力的變化讓牠的雙腳漸漸無力，讓我清楚地意識到我們之間的時間沙漏加速流逝。而日漸升高的腎指數，讓不喜歡接受醫療的咖啡小姐得開始在家接受施打皮下點滴，這彷彿是最後一根稻草，澈底壓垮牠的日常。

牠越來越安靜，當牠來門診時，漸漸聽不著熟悉的吠叫。起初我以為只是自然老

化，直到後來才意識到，原來牠並不是優雅地變老……

「牠會杵在客廳的角落裡，往上看，好像想幹麼，但最後就只是停在那邊。」小正說。

他發現咖啡小姐開始有些奇怪的舉動，且多數時間活在自己的世界裡。若無人打擾，牠會睡得很沉，沉到像沒有呼吸似的，突然間又驚慌地醒過來。

「牠在家一直走來走去，明明很累，卻又不坐。我還得幫牠喬一下屁股，牠才願意休息。」小正繼續描述牠的異常狀況。

而這樣吃得少、走得多的狀況，讓咖啡小姐越來越削瘦。

## 「認知障礙症候群」，早期跡象不易察覺

隨著年紀增長，許多家屬察覺到毛孩有些異常，但又說不上來到底發生什麼事。其

實與人類相同，毛孩的大腦也會老化並產生病變，但並非在瞬間發生，反倒像是一片片拼圖碎塊，漸漸地拼湊成「認知障礙症候群」。

在狗狗身上，這些細微的改變可能包含：記憶及學習能力下降、空間定位能力降低、大小便的習慣改變、攻擊行為增加、互動意願降低、睡眠週期紊亂、出現重複行為、無目的的漫遊增加、活動量改變或焦慮不安的情形增加等。

相較於狗狗，貓咪則可能在早期就出現夜間持續吼叫的情況，讓主人輾轉難眠。這樣的夜叫聲，通常不是輕柔的喵喵叫，而是一陣又一陣的低吼，彷彿一台移動式的低音喇叭，讓家屬非常崩潰。

我曾有位惜貓如命的家屬，就在這樣的狀況下，第一次動手打了自己的愛貓。儘管事後她非常自責，卻也顯現出在毛孩認知退化的過程裡，我們要關注的不只是毛孩的狀況，更重要的還有家屬的心情。

不過這些**退化的症狀，在每個毛孩身上的程度不盡相同，因此，早期的跡象十分容易被忽略。**

有些老狗可能會突然開始害怕下雨天、怕坐車。我也遇過狗狗突然某日就躲進沙發

底下生活，這一躲就長達半年之久，完全不肯在白天出來，活像隻夜行性動物。因此除了定期檢查之外，通常還是得倚靠家屬細心地觀察，才能從日常生活中發現端倪。

麻煩的是，**其他慢性病症狀常常為認知障礙蓋上層層疊紗，讓人無法一眼釐清。**因此診斷認知障礙，需要考量詳盡的病史，並先排除相關原因，像是藥物的使用、疾病導致的疼痛、其他神經相關問題、慢性病、心血管及腫瘤相關等疾病，才較能對於行為問題定向，幫助診斷毛孩的病情。

## 我們還有什麼能為牠做的？

有次咖啡小姐走進我的診間，突然像發呆似的停佇在椅子上，下一秒卻彷彿憶起什麼，向前了一步、兩步，長長的指甲刮著地面。

小正越來越擔心，憂心忡忡地說：「牠的情況越來越糟了。好像明明想吃東西，卻又不要，感覺像是認不得食物了。」

這段期間，小正發現咖啡小姐的狀況開始惡化，最嚴重的時候，牠會突然進入恍神狀態，忘記自己下一秒要做什麼，嚴重影響進食。因此小正一家為牠準備各種美食，並藉由少量多餐的方式，增加進食的機會。

在診間，看著牠安靜地低頭吃完我手中的零食，滿足地走來走去，又像回到小時候一樣。那一刻，種種回憶湧上我心頭。或許就是這樣時好時壞的狀況，讓人特別心疼，在熟悉與陌生之間，家屬的情感與疲憊隨著病情來回地拉扯著。

到了這個階段，我們還有什麼能為牠做的？

我反覆思索後，除了給予藥物支持，也請小正優化家中的環境，並試著將舒服的毛巾鋪在洗衣籃內，讓每日得接受皮下輸液的咖啡小姐，能夠安穩地坐在裡頭接受醫療。

臨床上，當毛孩開始有認知障礙的症狀，通常需要針對個體病程的不同，考慮各種緩和身心及互動需求的支持建議。

從現實層面來看，與認知相關的病變已無法被治癒，但在生活上，仍可透過環境優化調整及不同的物理輔助，幫助毛孩減輕不便。像是：提供老年犬、貓舒服的減壓墊、輔助型階梯、低高度的砂盆、夜間輔助燈、分區的安全嬰兒門、定時餵食器及老年動物專用休息區等，都是很好的選擇。

另外，補充適當的營養品，並視病情，使用止痛、認知、抗焦慮或助眠等相關藥物，不但可以減緩毛孩的病程，也可以一同提升家屬的生活品質。

## 協助家屬找到生活的平衡

在這個時期處理焦慮情緒，往往是一條深遠而重要的路程。因為**身處於情緒漩渦裡的不只是毛孩而已，還有長期睡眠不足、身心壓力過大的家屬。**

當照顧毛孩的重擔被家屬一肩扛下時，毛孩的行為及認知失序沖淡了整個家的笑容，長期夜間吼叫更削弱了家屬的耐心。家屬並進而容易產生自我懷疑、孤單、憤怒、無力、憂鬱或絕望等情緒，無法好好喘息。

此外，當毛孩的狀況日益惡化，許多早已預料到與毛孩的分離即將發生的家屬，不自覺地沉浸在一種**預期性的悲傷**之中。從照顧的初期開始，焦慮及憂慮的情緒便伴隨著疾病的進展和長時間的照料，而變得越加嚴重。這種深怕自己沒有全力以赴、做得不夠好的心情，有時會讓家屬感到焦慮、不安，甚至導致失眠的困擾，因此更加需要旁人的支持與理解。

所以，身為醫者的我們花些時間傾聽整個家所面臨的困難，是一件非常重要的事。除了冰冷的血檢數值，**面對毛孩漸漸失能的過程，醫療建議往往需要帶著更多溫度**，來協助家屬找到生活的平衡。

## 和咖啡小姐說再見……

雨季悄悄地來臨，濕熱的空氣悶得令人難受。某日傍晚，咖啡小姐的病情急轉直下，最後牠虛弱地躺在家人的懷抱裡，就此長眠。我沒能見著牠最後一面。

看著小正傳來的影片中，牠灰藍的眼漸漸轉暗之際，我藏身於理性醫師袍下的內心傷感被層層打開，淚水潰堤。

耳邊彷彿響起牠久違的宏亮吠叫，一聲、兩聲、三聲……咖啡小姐好好地和我說了再見。

# 老年疾病照護——如何減緩毛孩的辛苦？

【行為獸醫師說】在漫長的疾病歷程中，老毛孩的焦慮與壓力會逐日增加。這時候，照顧者的柔和及包容態度，不但可以安撫牠們的情緒，也能帶來更多的慰藉與力量。

## 「不管怎樣，我都要救牠！」

初見貓豆豆的那日，十五歲的牠躺在急救台上，看起來非常虛弱。緊急檢查後，我帶給主人小峰一個令人沮喪的消息。

「豆豆患有肥厚型心肌病，雖然這是貓常見的心臟疾病，但是牠的右後腳血管已經開始形成血栓。更棘手的是，牠的左心房內還有一個大血栓，可能隨時會危及牠的生命。」

小峰聽完後，停頓了好幾秒才開口。

「我們發現豆豆一直在睡覺，走路好像有點不穩，雖然說不上有什麼問題，但就是感覺不對勁。牠之前一直都很健康，是不是我們發現得太晚了？」

我安慰小峰，並告訴他老年動物常見的疾病初期行為，包括習慣改變、睡眠增加、食欲下降、活力變差、動作遲緩、情緒低落和睡眠模式改變等。但我認為，這些改變在日常生活中的確不好分辨，尤其是在季節轉換的時候。所以通常還是得**透過每年一到兩次的常規健康檢查，讓家庭獸醫師為老年動物詳細地評估疾病風險和營養狀態，才能做較好的健康管理。**

以豆豆的年紀和病情，接下來的醫療將會面臨許多挑戰。除了心臟病和血栓外，牠還有肝炎及腎衰竭的問題，這不但意味著醫療的複雜性，也代表著豆豆會承受一些痛苦。所以我建議小峰，或許我們可以幫豆豆找一條不那麼艱辛的路。

小峰邊撫摸著豆豆，邊激動地說：「醫師，我知道妳的意思，但是我怎樣都要救牠，什麼方法我都要試。」

## 無痛的關懷和照顧，療癒毛孩的不適

聽見這樣的回答，讓我有些擔心。雖然老年生活是毛孩的一個重要階段，同樣需要全面的醫療照護及支持。但我清楚地知道，眼前的積極醫療介入可能無法完全治癒豆豆，還會給牠帶來一定程度的身心負擔。身為牠的醫師，至少我應該要讓牠免於更多的焦慮和痛苦，所以我更真誠地希望幫助小峰，做出一個對豆豆較緩和的選擇。

我們在一生當中都做過許多決定。當面臨重要的時刻，屬於個人的信念和生命歷程會影響我們做出的選擇。因此，選擇之間並沒有絕對的好壞之分，每個選擇都具有意義。我並不想說服小峰做出特定的選擇，而是更想**理解這背後的原因，協助他覺察內心真正的答案。**

原來，小峰從小和人互動困難，父母對他的狀況感到憂心，便決定領養豆豆，成為他生命中的第一個小夥伴。有了豆豆的陪伴，小峰度過不少童年的艱難時光，也漸漸有勇氣去面對他人。這兩年來，他為了重考努力，而豆豆每天都乖巧地陪伴在側，像極了職業小書僮。小峰向牠承諾一定會考上理想的學校。他說，雖然此刻對豆豆來說是個大考驗，但仍希望豆豆能看到他履行諾言的那一天。

我點點頭，告訴小峰，我會將他的話好好地放在心裡，並盡全力支持他和豆豆之間的情感和約定。但也希望他給我一些空間，讓我能為豆豆提供無痛的關懷和照顧，以療癒牠的不適。

每個照顧者與毛孩的相遇，都有其獨特的生命故事，所以，**動物的年紀並非是醫療選擇的唯一考量。保持覺察和陪伴的醫病關係，實際上是一段珍貴的共命旅程，需要以心為本的溝通，才能陪伴照顧者在幽谷中前行。**

## 在長期照護的光陰中，找到一條不孤單的路

經過十多天加護治療，豆豆的健康狀況日漸恢復，完全超出我的預期。雖然牠左心房內的血栓還是存在，但是其他的血檢數值都已轉為正常，連原本冰冷的後腳都開始

有力地走動，讓我們開始著手準備，幫豆豆鋪一條回家的路。

首先，我和小峰討論了如何安排時間，並確定所有可用的資源。在確保不會帶給小峰太大壓力的前提下，逐步地安排豆豆的日常照護項目。

接著，我們一起仔細地制定出居家行為觀察細節，像是確認呼吸次數及型態、進食狀況、睡眠品質、活動能力、疼痛反應等。

針對豆豆剛復原的後腳，我建議將貓砂盆改為淺口盆，以方便牠進出，並使用地毯或地墊增加地面摩擦力，提供腳踏更好的穩定性，減少滑倒或從高處跌落的風險。

此外，我建議小峰要**觀察豆豆的協調性及反應速度，理解牠現階段的能力已不如以往，盡量讓牠以自己的步調過生活**。因為在漫長的疾病歷程中，老毛孩的焦慮與壓力也會逐日增加，這時候，照顧者的柔和及包容態度，不但可以安撫牠們的情緒，也能帶來更多的慰藉與力量。

最後，**在老年動物的長期照護過程中，對照顧者的時間和情感支持，也同等的重要。**長期照護實際上就像是平靜的生活中，扔進了一顆小石頭，由內向外泛起的層層漣漪，考驗著每個人的適應力和抗壓力。因此，如何協助規劃照顧者的時間，是為老毛孩的照護生活，埋下一顆充滿希望的種子。

我經常建議照顧者，和家庭獸醫師建立良好的聯繫，並與家人討論責任分擔和時間分配，考慮善用診所的暫托服務，並在需要時，尋求外界的幫助。這樣才較能在數週、數月，甚至是數年的照護光陰中，找到一條不孤單的路。

一年半後的春日暖陽下，豆豆因心臟血栓而踏上歸途。那一刻，家人全都陪伴在身邊。而小峰也實現了對豆豆的承諾。

我想，與其說醫療支撐了豆豆最後的日子，不如說，離不開的毛孩也始終有牠的心願，那是如此珍貴。

# 無痛的安寧——最後的日子，除了醫療，還能怎麼做？

【行為獸醫師說】在疾病面前，我們需要使用「減法」，讓毛孩在人生的最後一段，保有尊嚴地無痛過生活。

## 「醫師，牠還可以撐多久？」

小惠打電話告訴我：「霍爾很安詳地離開了。」就在那天上午，她心愛貓咪的生命時鐘永遠停了下來。

美國短毛貓霍爾和宮崎駿作品《霍爾的移動城堡》裡的魔法師主角一樣帥氣，灰中帶銀的深色斑紋在身上等距排開，而肥滿的肚肚上，是一整片軟綿的溫柔。晶瑩剔透的藍綠雙瞳雋永神祕，在牠身旁的木天蓼棒好似一根魔杖，只要喵喵呼嚕個幾下，我們就彷彿能一起在星空漫步，跨出一步又一步的冒險。

然而，現實生活中的霍爾沒有魔法，也有些膽怯。牠總是窩在籠內靜靜地屏息，將前腳藏在胸前，雙耳壓低，假裝自己不存在。

如此害羞的霍爾，卻也很勇敢。牠的身上集滿疾病大全，幾年來，陸續因白血病、心臟病、腳掌感染、胰臟炎及糖尿病，不得不經常往返醫院，非常辛苦。小惠帶著霍爾急診、住院，費心地照顧，霍爾也總是溫柔回應。

你或許想問：「照顧有糖尿病的貓不就是打打胰島素、固定量血糖，讓貓咪規律飲食就好了嗎？」但是小惠和霍爾的生活並沒有想像中的輕鬆。不同於一般的貓病患，由於胰臟炎和白血病的緣故，霍爾長期嘔吐，再加上間歇性腳掌發炎，一切已經不是雪上加霜能形容的了。

因霍爾的進食狀況始終不穩定，小惠必須彈性地調整胰島素劑量，並小心監控低血糖的發生。日日累積的照護細節都被小惠細心地記錄下來，舉凡生活所需、用藥、血糖控制及進食量，都列為重要的交接備忘，詳盡地記下。

雖然小惠一直都做得很好，但是，疾病的浪潮依舊一陣又一陣地襲來，霍爾像一只小竹筏，載浮載沉。

## 讓毛孩有尊嚴地過生活

有一陣子開始，霍爾吃得很少，表現出強烈的噁心，被痛苦一點一滴地侵蝕著。

「李醫師，妳覺得牠還可以撐多久？我想盡量不要帶牠來醫院，在家裡待著，牠比較喜歡。」小惠問著，將手放在霍爾的背上。

多年來，身為霍爾主治醫師的我，負責將牠的疾病治癒，維持身體健康。但是此刻，積極醫療已無法給予霍爾更多益處，所以我想盡可能地尊重小惠和霍爾之間的情感，找出滿足他們身心和需求的最好決定。站在疾病面前，除了加法，或許我們更需要使用「減法」，讓一切變得更輕盈。從這個角度出發，**首要考慮的便是緩和霍爾的疼痛和噁心症狀，同時減少牠排斥的醫療行為，讓牠保有尊嚴地無痛過生活**。

和小惠討論之後，我們放棄了餵食管和輸液治療的選擇，開始優化止痛藥的劑量，並依照她的心願，布置霍爾臨終前，充滿溫度的安寧雛形。

## 關照毛孩的隱性疼痛

小時候常聽老人家叨念，野貓生病了就會躲起來。這樣的民間觀察，與貓科動物天生不輕易示弱的確是有些相關。在野外，若表現出疼痛行為，便可能會使這些獨來獨往的捕食者遭遇到未知的危險。因此相較於狗狗，貓飼主的確較不易在第一時間觀察到貓咪的疼痛反應，像是精神狀況與食欲改變、從高處跳下時略有猶豫，或是沒有理毛的意願，都可能是初步跡象。

看診時，我通常會和家屬聊聊貓咪近期的活動力、理毛狀況、走路姿態、睡眠長度及互動上的改變，並且根據這些細節，審慎地評估是否有未被察覺的隱性疼痛。

舉例來說，見著一隻毛髮打結、毫無光澤的貓，我會特別留意脫水情形及口腔的狀態；而面對一隻有攻擊行為的老貓，除了一般的血液檢查之外，我會觀察是否有退化性關節疾病引起不適。畢竟與疼痛相伴時，隨之而來的焦慮交織著巨大的不安，讓貓咪的壓力時時都像飽脹的氣球，一觸即發，正因如此，適當地給予止痛治療，對動物來說真的是一件很重要的事。

不過，藥物並不是一切。在居家環境中，我們還可以加上一些調整，像是藉由提供貓咪不同高度、材質的藏身之處，增加安全感，也使生病需要休息的貓咪有更多安靜的

選擇。或是也可考慮將貓咪日常所需的資源適度集中，減少牠們移動時產生的不適。

針對有腿部疼痛的貓咪，無論在進食、休息、砂盆或是活動區，若提供足夠的減壓或止滑墊，調整食物及水碗的高度，通常可以帶來一定程度的幫助。

還有，觀察貓砂盆出入口的高度，避免貓咪在使用時需要跳高或蹲低，以友善地為不同階段的貓咪準備好輕鬆的如廁心情。

## 給毛孩，也給家屬：無痛的祝福

在霍爾生命旅程的末期，小惠仍為牠保留牠最愛的日光浴。「我每天都會帶牠去頂樓晒太陽、看風景。牠很喜歡吹吹風。」小惠告訴我。

而我也盡可能地減少回診次數，讓牠能靜靜地享受最後的日子。雖然別離的過程帶來許多感傷，但我送上了更多支持，化為「無痛的祝福」，給霍爾，也給小惠。

過去總以為疾病只有一種面貌、一種面對方式，但是走過不同的安寧旅程，才知道每個毛孩都有著自己的形狀，也才覺察到疾病其實有著一百零一種模樣。因此，在面對每一個不同的生命故事時，我都好好地提醒自己：**眼前落入谷底掙扎的家庭，在混亂又沮喪的分秒裡，需要的是被理解的柔光。**

和毛孩說再見，從來都不是件簡單的事。相較於失去兒童的父母，毛孩的家屬通常無法得到周遭等量的情感支持，甚至許多人只得壓抑悲傷情緒，不讓旁人看見。因此，除了協助家屬不做出內疚的選擇之外，我也會希望了解家屬的焦慮與悲傷，從旁給予最全面的支持。

某天，小惠傳來簡訊：「我捨不得，還是決定不安樂，由牠自己決定離開的時間。這麼做，讓我比較無悔，比較心安。」

我想起動畫裡在魔法師霍爾身旁的蘇菲，每當霍爾感到不安或脆弱時，她總會堅定地成為一股穩定的力量，守護著脆弱的靈魂。而貓霍爾也有一位蘇菲，就是小惠。

在小惠的守護之下，霍爾在陽光下開啟了一道魔法門，懷抱著溫暖的祝福，前往永生的貓星球。

# 面對告別——失去心愛毛孩的痛，向誰傾訴？

【行為獸醫師說】要對身旁的人說出：「為了我的毛孩，我難過到無法工作，好想放棄，又覺得不知道怎麼辦……」其實非常不容易。這種不被理解的悲傷，需要被傾聽。

我工作的動物醫院裡，設有一排醫護職員的個人櫃。在我的櫃子角落，整齊地排放著幾樣深具意義的小物，其中最特別的是幾張手繪卡片、一張富士蘋果的貼紙。每當我心情低落的時候，便會去看看它們，拾起一些記憶的同時，也拾起一些力量。

## 傷痛的家屬需要「陪伴」

其中一張卡片是心臟病老狗阿秒的家屬寫給我的。

阿秒是一隻有年紀的瑪爾濟斯犬，身材較為瘦小，頂著時尚的妹妹頭，老是被誤認為母狗。但陌生人不知道的是阿秒非常有陽剛味和原則，不管是誰碰牠，都不可以。

我和阿秒初次相遇是某夜牠因急性肺水腫就診。當時牠的狀況非常不樂觀，但每當我經過住院籠，見牠半睜著眼、身體靠在牆邊，努力撐起自己的樣子，強烈感覺到牠說不出口的那幾個字：「我想活下來。」令人振奮的是，經過幾天加護治療後，牠的狀況總算被控制下來。

住院期間，牠的主人經常笑嘻嘻地來探視，是一位十分有朝氣的老先生。令我印象深刻的是他總泛紅的雙眼，那像是哭過的眼睛，隱隱訴說著對愛犬的擔憂與想念。

未料，出院後的第一次回診，老先生卻情緒激動地對我抱怨：「李醫師，我要把牠安樂死！牠實在太難餵藥了，一直要咬我、咬我！我不要給牠治療，不要吃藥了！」

起初我心平氣和地勸著老先生，使出渾身解數想要說服他打消主意。但是後來，我也生氣了，非常不能接受好不容易才恢復元氣的狗狗就這樣被放棄，於是我做了最糟

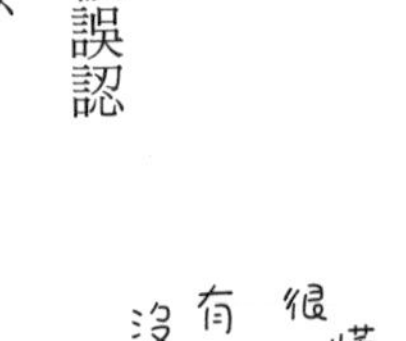

糕的回應——和老先生大吵一架。

過了一個星期，我收到一份小禮物，上頭附了一張粉紅色的愛心卡片，可愛地寫著：「**阿秒：『李醫師，不要跟我分手啦。』**」

那瞬間，我似乎明白了什麼。我緊握著卡片，自責地流下眼淚。

其實，老先生只是想找人訴說他照顧阿秒的生活壓力，因為除了我這個阿秒的主治醫師之外，不會有人更理解他所經歷的種種困難。**唯有讓我一同看見這份負面情緒，他才有力量看到未來的路。**我應該釋出更大的同理，好好地聽他把話說完，讓他有一點點依靠。

我該做的不是生氣，而是陪伴。

## 最有溫度的淚水

富士蘋果貼紙，則與一隻博美犬小辛和牠慈藹的主人陳爺爺有關。

小辛是末期的心臟病患犬，頂著大大的肚子，每兩週固定到動物醫院抽取腹水。牠不喜歡抽取腹水的醫療過程，陳爺爺便會拿出事先準備好的小蘋果丁，耐心地一口一口餵著牠，讓牠好受些。

小辛過世的幾個月後，某天，陳爺爺出現在動物醫院門口，說要來看看我。一見著我，他一邊笑，一邊流淚，淚水滴在他手中的紅蘋果上。爺爺小心翼翼地將蘋果放到我手中，說：「李醫師啊，多保重身體。」

或許因為蘋果在他手心許久，那是我人生中唯一一顆同時有著溫暖和淚水的富士蘋果。我寶貝地保留著那顆蘋果上的貼紙。

多年後的一次日本旅行，我在明信片上畫了一顆鮮紅的蘋果，寫下「願您安好」，寄給陳爺爺，也寄給記憶裡那隻勇敢又可愛的小辛。

## 留下來的家屬，不被理解的悲傷

從伴侶動物與人類的行為關係來看，由於毛孩的生活完全由人類提供，就像是家庭

成員一般，因此，兩者的情感近似於親子之間的依戀，而日常生活中的困境與衝突，也同樣容易反映在這樣的親子關係中。因此，家屬容易將毛孩的疾病與死亡責任歸咎於自己，並不斷地反思自己是否剝奪了毛孩的選擇與生存權。另一方面，處理壓力與悲傷的過程，會動搖一個人的基本生活價值觀和內在信念。

換句話說，**慢性病照護的過程，不但挑戰著主人荷包的厚度、沮喪與角色調整的衝突，更挑戰著內心的精神平衡，讓人容易感到內疚、孤獨。**

要讓身旁的親友理解這樣的壓力強度，並能對他們說出：「為了我的毛孩，我難過到無法工作，好想放棄，又覺得不知道怎麼辦……」其實非常不容易。這種不被理解的悲傷，往往又使人對接下來必會面對的死亡事件更加無力。

## 身為獸醫師，提供最大的心理支持

身為獸醫，和每個毛孩相遇，就像經歷一場又一場耀眼的太陽雨。在這場雨裡，有稍縱即逝的彩虹、與蔚藍天空相映的白雲、被雨滴滋潤的綠地、路旁綻放的花朵，以及和主人一同漫步其間的毛孩。在溫暖又有些刺眼的陽光照耀下，他們踩著自己的影子，一步一步地在雨中前行。

擔任獸醫師的我只是其中的一把傘，也許不夠為他們遮雨，但我可以提供最大、最可靠的支持，並且在旅程的終點，與他們一起觀賞最後的夕陽。

世界上沒有最完美的醫療，然而，從和每一個毛孩相遇的那刻起，我們就像開始了一趟美好的旅程。雖然總是會有道別的時候，但結束了這趟旅程，牠們總會留下禮物，讓我們能不停地往前走，在未來，送給每一刻的自己。像是阿秒送給我名為「傾聽」的禮物，在未來送給遇到同樣困境的我。

這些故事雖然隨著時間逝去，只留下了光的痕跡、泛黃的片段和熟悉的溫度，但是它們一再提醒著我：**在醫病關係中，或許我們能為自己和對方騰出多一些心理空間。畢竟在疾病之前的你、我，沒有任何一個人是完美的。**

在那一場場太陽雨裡，我們有緣能一同緩慢地感受四季的更迭，是一種對彼此的祝福。無論過了多久，那份溫暖的寧靜都會存在彼此的心裡，為一個又一個生命故事，刻下永遠。

# 安樂的別離——我給了毛孩什麼？又給了自己什麼？

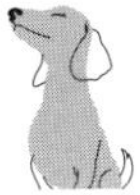

【行為獸醫師說】離別時的真心與不捨，日後會以各種形式出現。雖然看不到、也摸不到，但是每當我們不停地向前走時，它會以不同的模樣和我們相遇。

## 「晚安，小報。」

下班後，我拖著一身疲憊走進超商，遙指著香菸櫃的一角，不熟練地對店員說：「我要一包那個牌子的菸，還有一個打火機，謝謝。」回到住家頂樓，為香菸燃了些許光亮，平放在前方的一片藍灰色水泥磚牆上，煙霧繚繞在月光下，我仰望著天空，對剛才被我安樂的病患老貓輕輕地說了聲：

「晚安，小報。」

小報是隻極度優雅的灰色藍貓。性情溫馴的牠就像少糖的伯爵熱奶茶，絲滑而溫醇的個性，再加上親人的蜜甜，總讓人再三回味起牠獨有的香氣。

居家辦公的主人和小報總是形影不離，他倆是哥兒們、是同事，也算是某種形式的菸友。小報總喜歡隔著玻璃呼嚕呼嚕地撒嬌，端望著遠方主人抽菸時的背影，那是他們被真空起來的小時光，一種平淡又幸福的在乎。

送走小報的這一夜，牠的脖子上繫了個優雅的黑色大領結，穿著西裝的主人將牠抱在懷裡，看起來好幸福。有這麼一刻，我幾乎忘了牠的嚴重病情。

「我一直等你在我的婚禮當伴郎，等不到了……換我來陪你走完最重要的路，兄弟。」主人緊握著一盒香菸，邊顫抖，邊微笑地對小報說。

那是第一次，我希望把自己縮到最小，小到讓他們倆的眼裡只剩彼此。

## 安樂的決定，無法輕鬆以對

這樣的安樂別離，是我獸醫生涯的一項重要工作。隨著動物的病情惡化，為了減輕牠們的痛苦，我經常需要與家屬討論各種安寧選項。雖然看似合情合理，卻是一場與人類醫學截然不同的挑戰。因為獸醫師通常得獨自面對一項無明確道德著力點的安樂執行，而對象可能是自出生一路看到終老的毛孩，背後沉重的壓力與不捨，難以言喻。

安樂的決定，無法輕鬆以對。儘管它看似取決於動物當前的生活品質，但生命的珍貴往往無法用表格或數字斷言。因為這不僅是一場在死亡、痛苦及動物福利之間的倫理拉扯，更是一種伴隨情緒壓力、內在價值、宗教信仰、財務考量及各方利益的綜合難題。

站在生離與死別之前，我們永遠不會有正確的答案和模板，而勇氣也並非只有放手的人才能擁有。通常在這一刻，我會好好地傾聽這個家庭的故事，提供我個人的經驗與感受，以柔軟的陪伴，協助家屬做出關鍵的沉重決定。

## 和柔軟的自己並肩而行

但這種慢而不慌、引導家屬的別離步調，並不是與生俱來的。

回想我還是菜鳥實習醫師時，初次參與緊急剖腹手術，見著術後甦醒的母貓發狂似的攻擊身旁的新生幼貓，造成死傷，讓我難過得落下了淚。

前輩安慰我，並說道：「當獸醫要勇敢，把眼淚收起來，不要被看到。」

從此，這句話對我是個警惕，是個幫助，但同時也成了無形的框架。當我進一步意識到只要拿掉一些情緒，便可以讓人看起來比較熟練時，透過慢穩的話語，我學會抽離軟弱的自己，演練著一個堅強的醫者。在尺度之間，將一切化為習以為常。

然而，世界上並沒有這麼理所當然的事情。一個因為熱愛動物而成為獸醫師的人，怎能自此輕鬆地看待生離死別？

幾年後的某個冬日上午，我照顧了好一陣子的住院貓甘兵熬不過病痛而逝世。牠是街貓，也是上了新聞的可憐受虐貓，被陌生男子從機車上抓起並拳打腳踢，造成多處

骨折，肚子裡的小生命也全數夭折。重傷的牠立即被救援協會送到當地獸醫院救治，接著轉往外科醫院治療骨折和外傷，才得以保住小命。

我初次見到甘兵時，傳染病發病使得牠十分虛弱，嚴重貧血的狀況更讓牠陸續接受了幾次輸血。那段時間，我經常待在傳染病房照顧牠，培養出我倆之間的人貓情誼。起初被我撫摸的時候，牠顯得非常緊張，甚至有漏尿的狀況。但後來牠會靠近我，緩緩用頭磨蹭著我，再順勢靠在我的手腕上，瞇著眼，安穩地靜靜休息。

那天，甘兵在嚴重嘔吐好幾次之後，嚥下了最後一口氣……我感覺自己的一切悲傷也被牠帶走，沒有流下一滴淚水。

後來我獨自去探望牠。牠的塔位被安置在菩薩旁邊，還有其他動物陪伴，看起來再也不孤單。離開之前，我伸出手摸了摸照片，一瞬間像孩子般大哭起來，把心裡隱藏的不捨全部宣洩，狼狽地將自我約束擺在一旁，沉沉地和牠做真正的告別。

直到那一刻我才明白，我希望和柔軟的自己並肩而行。

原來，情感亦是一種無形的力量。在離別時的真心與不捨，日後會以各種形式出現，雖然看不到、也摸不到，但是每當我們不停地向前走時，它會以不同的模樣和我們相遇，有時是朵花、是飛翔的鳥，也是溫暖的光。對我來說，滋潤的淚水早已變成毛孩留給我的寶藏，在記憶的大海裡，永遠閃閃發光。

## 用屬於我的方式，向毛孩道別

或許，勇敢從來都沒有制式的形狀，每個人都可以不一樣。對於每一條生命的逝去，在理性與感性之間，站在天秤的中央，我學會放慢腳步，停下來思考：除了醫療專業之外，自己給了毛孩們什麼？還有最重要的，我留給了自己什麼？

我想每個人都是一樣的，在漫長的生涯裡，終究會找到想要追求的事物。於是我開始用屬於我的方式道別，一點一點地完整自己的初衷。

別離之後，與不同生命相遇所帶來的悲歡喜樂，在我們內心的花園裡種出不同層次的淬鍊，也逐漸長出一種勇敢，一種把自己也放在心上的包容。

# 悲傷療癒——毛孩離世的悲傷，何以計量？

【行為獸醫師說】面對毛孩離去的哀悼過程，是一段自我療癒的調適過程，每個人都會以自己獨特的方式經歷這段悲傷。哀悼的過程沒有最完美的版本，全都是我們對毛孩的愛。

## 沒有貓的家

秋日清晨，我搭車前往安樂園，那是我的貓提筆驟然離世後的第三天。

抵達後，工作人員帶我到角落的佛堂，一進門就看到提筆靜靜地躺在桌上，一動也不動。那一刻，我的心揪了起來，這才意識到，我的愛貓要永遠離開了。

儀式結束後，我抱著小小的骨灰罐回到家中，頓時覺得心被挖空了一大塊。即使家中已不見提筆的身影，我仍選擇原封不動地保留著牠的物品，甚至在牠的睡窩裡塞入一塊貓形抱枕，每天早晚擺放食物，彷彿牠仍在身邊。

有好幾個夜晚，我斷斷續續地痛哭。原以為能夠應對這一切，因為在我的獸醫生涯中，早已陪伴無數家屬經歷與毛孩的生離死別，我認為自己應該比任何家屬都更熟悉這個離別的過程。然而，提筆的意外離世卻將我推入了一個低谷，甚至在那段時間出現了自律神經失調的症狀。

幾個月後，我才慢慢地接受現實——原來，家裡真的沒有貓了。

## 每個人都以自己獨特的方式，經歷悲傷

像我這樣面對毛孩離世的過度悲傷，是不正常的嗎？

其實，悲傷是一種自然的情感反應，就像當親人離世一樣，毛孩的離世也會帶來極大的悲傷和失落感。這種情緒就像是身體受傷般，讓人感受到一種嚴重的心理痛苦。

通常，悲傷可能會以某些情緒或行為表現出來，像是哭泣、否定毛孩離去的事實、感到憤怒又震驚、自責而羞愧、焦慮、覺得孤單，毛孩的影像在腦海揮之不去、麻木不仁，甚至是感到解脫……這些情緒來來去去，沒有一個準則。換句話說，面對毛孩離去的哀悼過程，是一段自我療癒的調適過程，而且，每個人都會以自己獨特的方式經歷這段悲傷。

不過，急性的悲傷反應就可能影響到生理健康，例如產生呼吸困難、虛弱無力和精神疲憊的症狀，甚至產生一種對生活的疏離感。

有些人甚至發現自己無法走出來，時間過得越久，悲傷感越加強烈。這時候，就可能會經歷創傷性的悲痛反應，需要更長的時間和更深入的專業心理支持，才能夠應對和調適。

## 留下來的毛孩同伴會悲傷嗎？

那麼，動物呢？如果家中有毛孩離世，剩下來的毛孩同伴也會表達悲傷嗎？

動物和人類在表達悲傷時，的確有許多相似之處。知名生物學家查爾斯・達爾文（Charles Darwin）就曾觀察到，動物在感到悲傷時，會展現出一些擬人行為，例如悲號、躲避、垂頭喪氣等行為。這些觀察與動物學家康拉德・洛倫茨（Konrad Lorenz）的敘述相呼應，他發現灰腳鵝在與配偶分離時，會表現出悲傷的行為，像是哀鳴、孤獨徘徊、持續尋找已逝去配偶的蹤跡等。

這種「持續找尋」的行為是動物的一種「真空行為」，讓自己能維持在與逝者的親密連結，藉以得到安全感和安慰。就像野生大象會返回死去配偶的屍體或骨骸處，花時間尋找或不斷地檢查遺體一樣；而我，的確也從早晚放置食物的行為裡，得到一種心理上的暫時緩衝。

儘管對於「動物是否有能力悲傷」的觀察缺乏具體的科學數據，但是許多家屬經常會發現家中毛孩有食欲降低、拒食、睡眠模式改變、持續哀鳴、尋求關注、持續找尋、迴避社交、低落姿態或是停止理毛等現象。

因此，當家中有毛孩離世時，我通常也會關心其他毛孩的狀況。

## 我們和毛孩的故事，從不曾結束

常常有家屬問我，在最後一刻，他們該如何面對……

有沒有一種面對死亡最好的調適方式？

人的一生，必定會歷經各式各樣的分離、各種失去……一直到面對死亡。所以，每個人面對毛孩離世的調適能力，不但和離世的原因有關，也深受個人所處的生命階段、人格特質、生活經歷和宗教背景等因素影響。

像是面對提筆的驟逝，我必須要在短時間內理解和面對「失去」所帶來的傷痛，實際上是非常困難的。而對於獨居者而言，毛孩離世就像是失去了與外界的連結，失去了整個生活重心。

面對巨大的失去，每個人都需要時間適應。除了接受毛孩離世的事實，還需要處理悲傷的痛苦，適應新的生活步調，並找到一種方式來紀念毛孩，從而重建出一個沒有毛孩的新生活。

那麼，要不要為自己的「放不下」而自責呢？

我曾遇過許多家屬，即使預料到毛孩的病程已到末期，事前做好充足的心理準備，但真正面對時，不明白自己為何仍感到極度的痛苦，甚至自責沒有放下。這是因為我們的情感和想法不一定能夠完全同步，當壓力超出負荷時，感到痛苦是無法避免的，但這並不意味著我們準備不足、不夠強大，或是沒有放下。

最重要的是，我們應該**尊重每個人以自己的方式感受和處理悲傷**。

哀悼的過程沒有最完美的版本，這些全都是我們對毛孩的愛，並不需要與他人比較。

## 直到我們再次相聚

本書談及許多動物行為的相關知識，特別撰寫這篇內容，是因為我深信毛孩與人的

羈絆，不只是從出生那一刻開始。唯有我們對「失去伴侶動物」（Companion Animal Loss）這樣的議題更加了解，才能真正地把彼此放在心上，更靠近幸福。

我非常感謝在提筆驟逝後，得到許多幫助。除了先生一肩扛起家務、朋友主動向我遞上問候，同事們也在日常十分關心我的狀態。我幸運地在最痛苦的時候，有學妹的陪伴下，為自己的愛貓好好地痛哭一場。甚至，家屬也寄來訂製的刺繡筆袋為我打氣。而我所撰寫的《聯合報》專欄編輯更是專程前來見我一面，送上了大大的擁抱。

謝謝你們讓我知道，在失去提筆的過程中，我不需要抗拒，也不需要努力忘記，更不用告訴自己要堅強，因為牠永遠會在我的心底。

也許，美好的陪伴並不適用於所有人，因為我們永遠無法真正地體會對方的困境。但是在這個時刻，溫柔、平靜地陪伴更顯得彌足珍貴。

或許，我和提筆的故事從不曾結束。

牠仍在我的生命裡，牠會是春天盛開的花朵，是夏天滋潤的雨水，是秋天的微風，也是冬日裡和煦的陽光。

我會花一輩子的時間思念牠，直到我們再次相聚。

【後記】

# 幫助深陷困境的家庭，不再感到孤單

在九〇年代末，那個網路剛起步的年代，著名的動物行為學家——珍．古德博士受邀來台演講。她透過與青年學子面對面的活動，開啟了充滿教育意義的「根與芽計畫」序幕。

當時的我，只是位坐在演講台下的高中生，對於這位傳奇的人物願意花這麼多時間，在世界各地穿梭，只為了向每一個她眼中的孩子，宣揚生態保育的重要性，深感不可思議。她敘述，根與芽的力量龐大，因為渺小的樹芽雖然看似柔弱，卻能向

下扎根、向上破土，長成茁壯的大樹，隨風散發改變世界的希望種子。

聽完演講後，我帶著滿滿的感動與啟發，將博士與黑猩猩的海報貼在書桌前，數十年來，這張海報伴隨著我，一步步走向行為獸醫師之路。

回首過去，才發現在漫長的年歲裡，我竟也從一株小樹苗，逐漸成長，在此能有一點點貢獻，將更多溫柔的信念，散播出去。

感謝所有在本書裡，貢獻故事的毛孩與家屬，雖然我並未能完整呈現全貌，甚至做了些微幅度的改編與調整。但是，謝謝你們的仁慈與慷慨，讓讀者能有機會感受到愛的溫度，並用更柔軟的心，擁抱身邊的毛孩和自己。

最後，我也希望能有這麼一刻，這本書能讓深陷困境的家庭，不再感到孤單。

國家圖書館預行編目資料

人類沒有很懂我：犬貓行為獸醫師帶你醫病也療心/李羚榛(小羊醫師)著. -- 初版. -- 臺北市：寶瓶文化事業股份有限公司, 2024.06

面；　公分. -- (Enjoy ; 66)

ISBN 978-986-406-413-7(平裝)

1.CST: 寵物飼養 2.CST: 動物行為 3.CST: 犬 4.CST: 貓

437.354　　113006253

寶瓶文化事業股份有限公司 AQUARIUS

Enjoy 066

# 人類沒有很懂我

## ——犬貓行為獸醫師帶你醫病也療心

作者／李羚榛（小羊醫師）
主編／丁慧瑋

發行人／張寶琴
社長兼總編輯／朱亞君
副總編輯／張純玲
編輯／林婕伃・李祉萱
美術主編／林慧雯
校對／丁慧瑋・陳佩伶・劉素芬・李羚榛
營銷部主任／林歆婕　業務專員／林裕翔　企劃專員／顏靖玟
財務／莊玉萍
出版者／寶瓶文化事業股份有限公司
地址／台北市110信義區基隆路一段180號8樓
電話／(02)27494988　傳真／(02)27495072
郵政劃撥／19446403　寶瓶文化事業股份有限公司
印刷廠／世和印製企業有限公司
總經銷／大和書報圖書股份有限公司　電話／(02)89902588
地址／新北市新莊區五工五路2號　傳真／(02)22997900
E-mail／aquarius@udngroup.com

法律顧問／理律法律事務所陳長文律師、蔣大中律師
如有破損或裝訂錯誤，請寄回本公司更換
著作完成日期／二〇二三年十二月
初版一刷+日期／二〇二四年六月六日
ISBN／978-986-406-413-7
定價／三六〇元

# 寶瓶文化・愛書人卡

感謝您熱心的為我們填寫，對您的意見，我們會認真的加以參考，
希望寶瓶文化推出的每一本書，都能得到您的肯定與永遠的支持。

系列：Enjoy 066　書名：人類沒有很懂我——犬貓行為獸醫師帶你醫病也療心

1. 姓名：____________________ 性別：□男　□女
2. 生日：_____年_____月_____日
3. 教育程度：□大學以上　□大學　□專科　□高中、高職　□高中職以下
4. 職業：____________________
5. 聯絡地址：____________________
   聯絡電話：____________________
6. E-mail信箱：____________________
   □同意　□不同意　免費獲得寶瓶文化叢書訊息
7. 購買日期：_____年_____月_____日
8. 您得知本書的管道：□報紙／雜誌　□電視／電台　□親友介紹　□逛書店
   □網路　□傳單／海報　□廣告　□瓶中書電子報　□其他
9. 您在哪裡買到本書：□書店，店名____________________
   □劃撥　□現場活動　□贈書
   □網路購書，網站名稱：____________________　□其他
10. 對本書的建議：____________________

____________________

____________________

____________________

11.希望我們未來出版哪一類的書籍：____________________

____________________

寶瓶　讓文字與書寫的聲音大鳴大放

**寶瓶文化事業股份有限公司**

亦可用線上表單。

（請沿此虛線剪下）

| 廣 告 回 函 |
|---|
| 北區郵政管理局登記 |
| 證北台字15345號 |
| 免貼郵票 |

寶瓶文化事業股份有限公司 收

110台北市信義區基隆路一段180號8樓
8F,180 KEELUNG RD.,SEC.1,
TAIPEI.(110)TAIWAN R.O.C.

（請沿虛線對折後寄回，或傳真至02-27495072。謝謝）